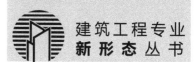

建筑工程专业
新形态丛书

安装工程
计量与计价

刘晓霞　方力炜　主　编
胡　苗　王邓红　副主编

化学工业出版社
·北京·

内 容 简 介

本书以现行清单规范与计价规程、新预算定额作为主要编制依据，内容包括安装工程计量与计价基础知识、给排水安装工程计量与计价、电气工程计量与计价、水灭火消防工程计量与计价、火灾自动报警工程计量与计价、通风工程计量与计价、建筑智能化系统安装工程计量与计价、BIM工程量计算八个项目单元。

本书侧重知识的实践应用，依据行业真实项目设置案例，每个项目单元后均设置思考与练习题，且题型和难度与二级造价师考核标准完全适宜。本书适合建筑造价从业人员阅读使用，也可供职业院校相关专业师生使用。

图书在版编目（CIP）数据

安装工程计量与计价/刘晓霞，方力炜主编．—北京：化学工业出版社，2021.11（2025.2重印）
（建筑工程专业新形态丛书）
ISBN 978-7-122-39805-5

Ⅰ.①安… Ⅱ.①刘…②方… Ⅲ.①建筑安装工程-工程造价-高等职业教育-教材 Ⅳ.①TU723.3

中国版本图书馆CIP数据核字（2021）第172263号

责任编辑：徐　娟　　　　　　　　　　　　文字编辑：吴开亮
责任校对：宋　玮　　　　　　　　　　　　装帧设计：王晓宇

出版发行：化学工业出版社（北京市东城区青年湖南街13号　邮政编码100011）
印　　装：北京天宇星印刷厂
787mm×1092mm　1/16　印张12½　字数296千字　2025年2月北京第1版第5次印刷

购书咨询：010-64518888　　　　　　　　　售后服务：010-64518899
网　　址：http://www.cip.com.cn
凡购买本书，如有缺损质量问题，本社销售中心负责调换。

定　　价：58.00元　　　　　　　　　　　　　　　　　　版权所有　违者必究

丛书编委会名单

丛书主编：卓　菁

丛书主审：卢声亮

编委会成员（按姓氏汉语拼音排序）：方力炜　黄泓萍　李建华　刘晓霞　刘跃伟　卢明真　彭雯霏　陶　莉　吴庆令　臧　朋　赵　志

序

百年大计，教育为本；教育大计，教材为基。教材是教学活动的核心载体，教材建设是直接关系到"培养什么人""怎样培养人""为谁培养人"的铸魂工程。建筑工程专业新形态丛书紧跟建筑产业升级、技术进步和学科发展变化的要求，以立德树人为根本任务，以工作过程为导向，以企业真实项目为载体，以培养建设工程生产、建设、管理和服务一线所需要的高素质技术技能人才为目标。依托国家教学资源库、MOOC等在线开放课程、虚拟仿真资源等数字化教学资源同步开发和建设，数字资源包括教学案例、教学视频、动画、试题库、虚拟仿真系统等。

建筑工程专业新形态丛书共8册，分别为《建筑施工组织管理与BIM应用》（主编刘跃伟）、《建筑制图与CAD》（主编卢明真、彭雯霏）、《Revit建筑建模基础与实战》（主编赵志）、《建设工程资料管理》（主编李建华）、《建筑材料》（主编吴庆令、黄泓萍）、《结构施工图识读与实战》（主编陶莉）、《平法钢筋算量（基于16G平法图集）》（主编臧朋）、《安装工程计量与计价》（主编刘晓霞、方力炜）。本丛书的编写具备以下特色。

1. 坚持以习近平新时代中国特色社会主义思想为指导，牢记"三个地"的政治使命和责任担当，对标建设"重要窗口"的新目标新定位，按照"把牢方向、服务大局，整体设计、突出重点，立足当下、着眼未来"的原则整体规划，切实发挥教材铸魂育人的功能。

2. 对接国家职业标准，反映我国建筑产业升级、技术进步和学科发展变化要求，以提高综合职业能力为目标，以就业为导向，理论知识以"必需"和"够用"为原则，注重职业岗位能力和职业素养的培养。

3. 融入"互联网+"思维，将纸质资源与数字资源有机结合，通过扫描二维码，为读者提供文字、图片、音频、视频等丰富学习资源，既方便读者随时随地学习，也确保教学资源的动态更新。

4. 校企合作共同开发。本丛书由企业工程技术人员、学校一线教师共同完成，教师到一线收集企业鲜活的案例资料，并与企业技术专家进行深入探讨，确保教材的实用性、先进性并能反映生产过程的实际技术水平。

为确保本丛书顺利出版，我们在一年前就积极主动联系了化学工业出版社，我们学术团队多次特别邀请了出版社的编辑线上指导本丛书的编写事宜，并最终敲定了部分图书选择活页式形式，部分图书选择四色印刷。在此特别感谢化学工业出版社给予我们团队的大力支持与帮助。

我作为本丛书的丛书主编深知责任重大，所以我直接参与了每一本书的编撰工作，认真地进行了校稿工作。在编写过程中以丛书主编的身份多次召集所有编者召开专业撰写书稿推进会，包括体例设计、章节安排、资源建设、思政融入等多方面工作。另外，卢声亮博士作为本系列丛书的主审，也对每本书的目录、内容进行了审核。

虽然在编写中所有编者都非常认真地多次修正书稿，但书中难免还存在一些不足之处，恳请广大的读者提出宝贵的意见，便于我们再版时进一步改进。

温州职业技术学院教授　卓菁
2021 年 5 月 31 日　于温州职业技术学院

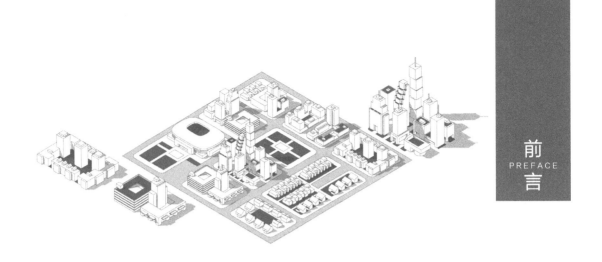

前言
PREFACE

安装工程计量与计价是建筑行业计量与计价必不可少的组成部分，专业性强，专业工具书更新换代快，区域性强。本书依据企业真实工作流程和内容，结合职业教育和工程造价专业职业资格考核所需的应用型人才特点，汲取近年职业教育改革的成果与经验，力争做到"少而精"；侧重知识的实践应用，以现行清单规范与计价规程、新预算定额作为主要编制依据，精选内容，与专业发展同步；依据行业真实项目设置案例，按照二级造价师职业资格及造价员岗位的能力要求编写。具体来讲，本书具有以下几个特点。

（1）目标明确，职业性突出。本书根据现行安装工程计量与计价模式和工程造价行业计价的现状需求，设置了"安装工程清单计价方法"学习情境。学习情境以工作任务的形式进行编写，按照"清单、定额知识学习—布置工作任务—工作任务实施—练习"四个环节进行，以任务驱动进行新知识的学习，体现了新形势下对职业院校学生实操能力的要求。

（2）选用典型案例，覆盖专业面广，难度适宜，与实际工程更加接近。同时，每个工作任务后均设置了课后练习题，且练习题的题型与难度与二级造价师考核标准完全适宜，便于学生自我检查评估和为未来的职业能力考试做好准备。

（3）采用"互联网+"的模式，增加了大量安装工程施工视频、文本、图片等专业知识链接，以及案例所用图纸的电子版，都可以通过扫描书中二维码的方式进行查看。同时，《通用安装工程量计算规范》（GB 50856—2013）、《浙江省通用安装工程预算定额》（2018版）（共13册）也可以通过扫描二维码进行下载查看，从而使本书不拘泥于书上现有的内容，大大拓展了读者的知识面。

建筑行业发展，不光承担着GDP增长的大任，同时也是数字化应用的先行军，对造价专业的从业人员也提出了数字化应用的要求。为培养学生的综合职业能力，让学生运用知识和技能为企业创造更高的价值，本书还编写了安装工程BIM计量的内容，软件操作视频可以扫描书中的二维码观看。

本书由温州职业技术学院刘晓霞、方力炜担任主编，浙江安防职业技术学院胡苗、浙江同济科技职业学院王邓红担任副主编，广联达科技股份有限公司朱溢镕、温州建设集团公司王炳国、温州大学陈彦参加编写。具体编写分工如下：刘晓霞编写项目4~8工作任务的主要内容，并负责对全书进行校对和审核；方力炜编写项目1~3的主要内容；胡苗和朱溢镕编写项目8

的主要内容；王邓红编写项目 1 的部分内容；王炳国、陈彦提供了部分案例图纸。浙江理工大学刘利华、浙江经济职业技术学院刘丽芬对本书进行了认真的审读，并提出诸多建设性意见，在此表示真挚的感谢！

由于编者水平有限，编写时间仓促，书中难免有不当之处，敬请读者批评指正。

编者

2021 年 5 月

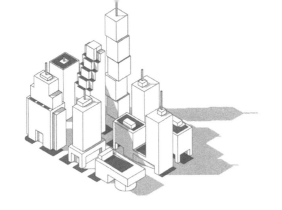

项目1 安装工程计量与计价基础知识 —— 001

引言 / 002

任务1.1 安装工程基础知识 / 002

任务1.2 安装工程计量与计价 / 004

任务1.3 安装工程定额介绍 / 012

思考与练习 / 015

项目2 给排水安装工程计量与计价 —— 017

引言 / 018

任务2.1 工程量计算清单规范与定额的学习 / 018

任务2.2 给排水系统工程量计算 / 024

任务2.3 室内给排水系统清单编制与综合单价分析 / 032

思考与练习 / 037

项目3 电气工程计量与计价 —— 040

引言 / 041

任务3.1 工程量计算清单规范与定额的学习 / 041

任务3.2 电气系统工程量计算 / 063

任务3.3 电气系统清单编制与综合单价分析 / 072

思考与练习 / 076

项目4 水灭火消防工程计量与计价 —— 079

引言 /080

任务4.1 工程量计算清单规范与定额的学习 /080

任务4.2 水灭火消防系统工程量计算 /090

任务4.3 消火栓和水喷淋灭火系统清单编制与综合单价分析 /099

思考与练习 /107

项目5 火灾自动报警系统工程计量与计价 —— 109

引言 /110

任务5.1 工程量计算清单规范与定额的学习 /111

任务5.2 火灾自动报警系统工程量计算 /115

任务5.3 火灾自动报警系统清单编制与综合单价分析 /120

思考与练习 /124

项目6 通风工程计量与计价 —— 126

引言 /127

任务6.1 工程量计算清单规范与定额的学习 /128

任务6.2 通风工程工程量计算 /139

任务6.3 通风系统清单编制与综合单价分析 /147

思考与练习 /152

项目7 建筑智能化系统安装工程计量与计价 —— 157

引言 /158

任务7.1 工程量计算清单规范与定额的学习 /159

任务7.2 建筑智能化系统工程量计算 /168

任务7.3 智能化综合布线系统清单编制与综合单价分析 /174

思考与练习 /179

项目8 BIM工程量计算 —— 182

引言 /183

任务8.1 BIM安装算量软件操作流程及要点 /183

任务8.2 给排水工程BIM计量 /187

任务8.3 电气工程BIM计量 /187

任务8.4 消防给水工程BIM计量 /188

任务8.5 通风工程BIM计量 /188

思考与练习 /189

参考文献 —— 190

项目 1

安装工程计量与计价基础知识

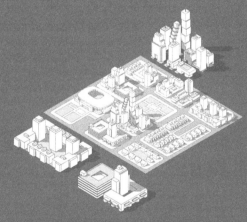

建议课时： 12课时（4+6+2）
教学目标
知识目标： 熟悉安装工程计量与计价的相关知识概念；熟悉安装工程造价的费用构成和计算程序。
能力目标： 能够准确选取各项费用费率；能够正确理解安装工程定额的主要内容。
思政目标： 培养职业道德；提高职业素养；增强民族自豪感和自信心。

引言

近年来中国经济的飞跃式发展，主要推动力来自于房地产、铁路、公路及水利、电力等基础设施建设，俗称"铁公基"。同样受益于此的，还有承担工程设计、工程建设、工程造价咨询等下游行业。

按照所涉专业不同，工程造价咨询行业可分为房屋建筑工程造价咨询、市政建设工程造价咨询、公路建设工程造价咨询、铁路建设工程造价咨询、城市交通建设工程造价咨询等。按工程建设的阶段不同，工程建设咨询又可分为前期决策阶段咨询、实施阶段咨询、结算审核阶段咨询、全过程工程造价咨询、工程造价经济纠纷鉴定和仲裁咨询等。

中国产业调研网发布的 2020～2026 年中国工程造价咨询市场深度调查研究与发展前景分析报告认为，工程造价咨询企业本身既不从事商品生产，也不从事商品经营，既不属于政府组织系列，也不属于生产企业组织系列，而是依靠知识和能力为社会主体各方提供有偿智力服务，在政府、企业、个人之间，发挥服务、协调、交流、引导、公正和监督的功能，以提高其投资效率和效益，减少各社会主体之间的矛盾，维护各方利益，在市场经济中发挥着重要作用。

任务1.1

安装工程基础知识

《通用安装工程工程量计算规范》术语

1.1.1 安装工程的概念

安装工程是指按照工程建设施工图纸和施工规范的规定，把各种设备放置并固定在一定的地方，或将工程原材料经过加工并安置、装配而形成具有功能价值产品的工作过程。

安装工程是建筑物的重要组成部分，所包括的内容广泛，涉及多个不同种类的工程专业。在建筑行业常见的安装工程有：电气设备安装工程；给排水、采暖、燃气工程；消防及安全防范设备安装、通风空调工程；工业管道工程；刷油、防腐蚀及绝热工程等。这些安装工程按建设项目的划分原则，均属单位工程，它们具有单独的施工设计文件，并有独立的施工条件，是工程造价计算的完整对象。

安装工程的施工活动覆盖设备采购、安装、调试、试运行、竣工验收等各个阶段，最终是以满足建筑物的使用功能为目标。

知识拓展——基本建设项目的层次划分

根据我国现行规定，基本建设工程分为建设项目、单项工程、单位工程、分部工程、分项工程。

（1）建设项目指在一个或几个场地上，按一个设计意图，在一个总体设计或初步设计范围内，进行施工的各个单项工程的总和。

（2）单项工程又称为工程项目，指一个建设项目中，具有独立设计文件，竣工后可独立发挥生产能力或效益的工程。

（3）单位工程是单项工程的组成部分，指具有独立设计文件，可以独立组织施工，但竣工后不能独立发挥生产能力或效益的工程。

（4）分部工程指在一个单位工程中，按照工程部位、工种以及使用的材料进一步划分的工程。

（5）分项工程指在一个分部工程中，按照不同的施工方法、不同材料和规格对分部工程进一步划分的工程。

它们之间的关系如图1-1所示。

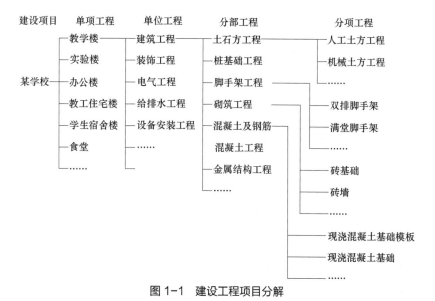

图1-1 建设工程项目分解

1.1.2 安装工程的特点

安装工程与建筑、装饰装修、市政、园林绿化及仿古建筑等工程相比，具有以下特点。

（1）专业的广泛性。建筑物中的给水、排水、采暖、燃气、通风空调、电气、消防工程、通信线路、自动化仪表、工业管道安装等均属于安装工程的范畴，安装工程的多专业性是其基本特征。

（2）具有多行业性特点。基本建设的各行业各领域几乎都涉及安装工程的内容，如民航机场工程候机大楼的机电安装工程，电力工程的锅炉机组和发电机组等的机电安装工程，冶炼工程的炼钢及轧钢工艺设备，水泥生产线，石油化工工程的炼油设备、化工生产设备和管道，市政公用工程的水厂、污水处理厂设备和管道，公路工程、通信广电工程的遥控系统和呼救系统等。

（3）施工难度较大。安装工程涉及大量管线、管件、管路附件及设备，涉及专业多，存在交叉施工、综合布线、管线碰撞等施工问题。

（4）专业技术要求高。安装工程技术工人无法与其他工种工人通用，在当前建筑劳动力短缺的现状下，大大提高了人工成本。

（5）有利于工业化的实施。民用住宅安装工程中管道工作量大，但各楼层暖通、电气、给排水设计方案基本相似（地下室等特殊楼层除外），这样的条件有利于管道的工厂化预制，有利于安装工工业化的实践与推广。

任务1.2 安装工程计量与计价

1.2.1 安装工程计量与计价的概念

安装工程计量与计价，过去一般称为安装工程预算，是反映拟建工程经济效果的一种技术经济文件。它一般从两个方面计算工程经济效果：①计量，就是计算消耗在工程中的人工、材料、机械台班数量；②计价，就是用货币形式反映工程成本。

《浙江省建设工程计价规则》（2018 版）

目前，根据《浙江省建设工程计价规则》（2018 版），建筑安装工程统一按照综合单价法进行计价，包括国标工程量清单计价（以下简称"国标清单计价"）和定额项目清单计价（以下简称"定额清单计价"）两种。采用"国标清单计价"和"定额清单计价"时，除分部分项工程费、施工技术措施项目费分别依据"计量规范"规定的清单项目和"专业定额"规定的定额项目列项计算外，其余费用的计算原则及方法应当一致。

建标[2013]44号《建筑安装工程费用项目组成》

1.2.2 安装工程造价的费用组成

建筑安装工程费，也就是建筑安装工程造价，是指在建筑安装工程施工过程中直接发生的费用和施工企业在施工组织管理中间接地为工程支出的费用，以及按国家规定施工企业应获得利润和应缴纳税金的总和。

在住房和城乡建设部、财政部颁布的建标〔2013〕44号《建筑安装工程费用项目组成》的基础上，根据《浙江省建设工程计价规则》（2018版），目前建筑安装工程费用项目构成分成两大类：①按费用构成要素划分为人工费、材料费、施工机具使用费、企业管理费、利润、规费和税金（图1-2）；②按工程造价形成顺序划分为分部分项工程费、措施项目费、其他项目费、规费和税金（图1-3）。

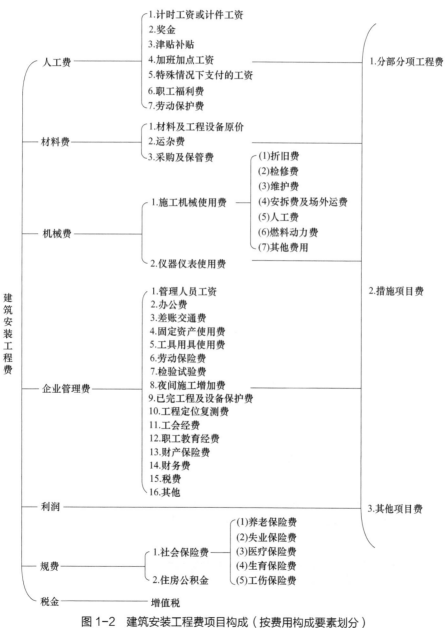

图1-2 建筑安装工程费项目构成（按费用构成要素划分）

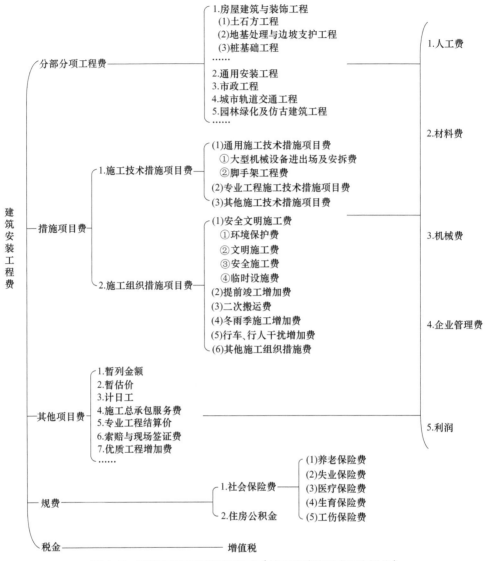

图 1-3 建筑安装工程费项目构成（按工程造价形成顺序划分）

【例 1-1】根据现行计价依据的相关规定，编制招标控制价和投标报价时的其他项目费不包括（　　）

A. 暂列金额　　　B. 失业保险费　　　C. 计日工　　　D. 总承包服务费

【答案】B

【解析】根据《浙江省建设工程计价规则》（2018版）P14：编制招标控制价和投标报价时，其他项目费由暂列金额、暂估价、计日工、施工总承包服务费构成。

1.2.3　安装工程造价的计算程序

建筑安装工程费用计算程序按照不同阶段的计价活动分别进行设置，包括建筑安装工程概算费用计算程序和建筑安装工程施工费用计算程序。其中，建筑安装工程施工费用计算程序分为招投标阶段和竣工结算阶段两种。

以表1-1为例，费用计算程序注解说明如下。

（1）本计算程序适用于单位工程的招标控制价和投标报价编制。

（2）分部分项工程费、施工技术措施项目费所列"人工费+机械费"，编制招标控制价时仅指用于取费基数部分的定额人工费与定额机械费之和。

表1-1 招投标阶段建筑安装工程施工费用计算程序

序号	费用项目		计算方法（公式）
一	分部分项工程费		∑（分部分项工程数量×综合单价）
	其中	1. 人工费+机械费	∑分部分项工程（人工费+机械费）
二	措施项目费		（一）+（二）
	（一）施工技术措施项目费		∑（技术措施项目工程数量×综合单价）
	其中	2. 人工费+机械费	∑技术措施项目（人工费+机械费）
	（二）施工组织措施项目费		按实际发生项之和进行计算
	其中	3. 安全文明施工基本费	（1+2）×费率
		4. 提前竣工增加费	
		5. 二次搬运费	
		6. 冬、雨季施工增加费	
		7. 行车、行人干扰增加费	
		8. 其他施工组织措施费	按相关规定进行计算
三	其他项目费		（三）+（四）+（五）+（六）
	（三）暂列金额		9+10+11
	其中	9. 标化工地暂列金额	（1+2）×费率
		10. 优质工程暂列金额	除暂列金额外税前工程造价×费率
		11. 其他暂列金额	除暂列金额外税前工程造价×估算比例
	（四）暂估价		12+13
	其中	12. 专业工程暂估价	按各专业工程的除税金外全费用暂估金额之和进行计算
		13. 专项措施暂估价	按各专业措施的除税金外全费用暂估金额之和进行计算
	（五）计日工		∑计日工（暂估数量×综合单价）
	（六）施工总承包服务费		14+15
	其中	14. 专业发包工程管理费	∑专业发包工程（暂估金额×费率）
		15. 甲供材料设备保管费	甲供材料暂估金额×费率+甲供设备暂估金额×费率
四	规费		（1+2）×费率
五	税前工程造价		一+二+三+四
六	税金（增值税销项税或征收税）		五×税率
七	建筑安装工程造价		五+六

（3）其他项目费的构成内容按照施工总承包工程计价要求设置，专业发包工程及未实行施工总承包的工程，可根据实际需要做相应调整。

（4）标化工地暂列金额按施工总承包人自行承包的范围考虑，专业发包工程的标化工地暂列金额应包含在相应的暂估金额内，优质工程暂列金额、其他暂列金额已涵盖专业发包工程的内容，编制专业发包工程招标控制价和投标报价时，不再另行列项计算。

（5）专业工程暂估价包括专业发包工程暂估价和施工总承包人自行承包的专业工程暂估价，

专项措施暂估价按施工总承包人自行承包范围的内容考虑，专业发包工程的专项措施暂估价应包含在相应的暂估金额内，按暂估单价计算的材料及工程设备暂估价，发生时应分别列入分部分项工程的相应综合单价内计算。

（6）施工总承包服务费中的专业发包工程管理费以专业工程暂估价内属于专业发包工程暂估价部分的各专业工程暂估金额为基数进行计算，甲供材料设备保管费按施工总承包人自行承包的范围考虑，专业发包工程的甲供材料设备保管费应包含在相应的暂估金额内。

1.2.4 安装工程费率选取与使用

根据《浙江省建设工程计价规则》（2018版），各项通用安装工程施工取费费率如下。

（1）通用安装工程企业管理费费率按表1-2计取。

表1-2 通用安装工程企业管理费费率

定额编号	项目名称	计算基数	费率/%					
			一般计税			简易计税		
			下限	中值	上限	下限	中值	上限
B1	企业管理费							
B1-1	水、电、暖、通风及自控安装工程	人工费+机械费	16.29	21.72	27.15	16.20	21.60	27.00
B1-2	设备及工艺金属结构安装工程		14.48	19.31	24.14	14.32	19.09	23.86

注：消防安装工程和智能化安装工程不分单独承包与非单独承包，统一按相应费率执行。

（2）通用安装工程利润费率按表1-3计取。

表1-3 通用安装工程利润费率

定额编号	项目名称	计算基数	费率/%					
			一般计税			简易计税		
			下限	中值	上限	下限	中值	上限
B2	利润							
B2-1	水、电、暖、通风及自控安装工程	人工费+机械费	7.80	10.40	13.00	7.76	10.35	12.94
B2-2	设备及工艺金属结构安装工程		7.43	9.91	12.39	7.35	9.80	12.25

注：利润费率使用说明同企业管理费。

（3）通用安装工程施工组织措施项目费费率按表1-4计取。

表1-4 通用安装工程施工组织措施项目费费率

定额编号	项目名称	计算基数	费率/%					
			一般计税			简易计税		
			下限	中值	上限	下限	中值	上限
B3	施工组织措施项目费							
B3-1	安全文明施工基本费							

续表

定额编号	项目名称		计算基数	费率/%					
				一般计税			简易计税		
				下限	中值	上限	下限	中值	上限
B3-1-1	其中	非市区工程	人工费+机械费	5.33	5.92	6.51	5.60	6.22	6.84
B3-1-2		市区工程	人工费+机械费	6.39	7.10	7.81	6.72	7.47	8.22
B3-2	标化工地增加费								
B3-2-1	其中	非市区工程	人工费+机械费	1.43	1.68	2.02	1.50	1.77	2.12
B3-2-2		市区工程	人工费+机械费	1.73	2.03	2.44	1.82	2.14	2.57
B3-3	提前竣工增加费								
B3-3-1	其中	缩短工期比例10%以内	人工费+机械费	0.01	0.83	1.65	0.01	0.88	1.75
B3-3-2		缩短工期比例20%以内	人工费+机械费	1.65	2.06	2.47	1.75	2.16	2.57
B3-3-3		缩短工期比例30%以内	人工费+机械费	2.47	2.97	3.47	2.57	3.12	3.67
B3-4	二次搬运费		人工费+机械费	0.08	0.26	0.44	0.09	0.27	0.45
B3-5	冬雨季施工增加费		人工费+机械费	0.06	0.13	0.20	0.07	0.14	0.21

注：施工组织措施项目费费率使用说明

1. 通用安装工程的安全文明施工基本费费率是按照与建（构）筑物同步交叉配合施工的建筑设备安装工程进行测算，工业设备安装工程及不与建（构）筑物同步交叉配合施工（即单独进行施工）的建筑设备安装工程，其安全文明施工基本费费率乘以系数1.4。

2. 标化工地增加费费率的下限、中值、上限分别对应设区市级、省级、国家级标化工地，县市区级标化工地的费率按中值费率乘以系数0.7。

【例1-2】根据现行计价依据的相关规定，关于安全文明施工费，说法正确的是（ ）。

A. 安全文明施工费的取费基数是分部分项工程费中人工费+机械费之和

B. 安全文明施工费以实施标准划分，可分为安全施工费和文明施工费

C. 安全文明施工费包括环境保护费、文明施工费、安全施工费和临时设施费

D. 编制招标控制价时，安全文明施工基本费可根据工程难易程度，在现行计价依据规定的取费区间内自行选择取费费率

【答案】C

【解析】A：根据《浙江省建设工程计价规则》（2018版）P13，施工组织措施项目费分为安全文明施工基本费、标化工地增加费、提前竣工增加费、二次搬运费、冬雨季施工增加费和行车、行人干扰增加费。编制招标控制价时，施工组织措施项目费应以分部分项工程费与施工技术措施项目费中的定额人工费+定额机械费乘以各施工组织措施项目相应费率以其合价之和进行计算。故A错误。

B：根据《浙江省建设工程计价规则》（2018版）P9，安全文明施工费以实施标准划分，可分为安全文明施工基本费和创建安全文明施工标准化工地增加费，故B错误。

C：根据《浙江省建设工程计价规则》（2018版）P8，安全文明施工费内容包括环境保护费、文明施工费、安全施工费和临时设施费，选C。

D：编制招标控制价时，安全文明施工基本费费率应按相应基准费率（即施工取费费率的中值）计取，D错误。

（4）通用安装工程其他项目费费率按表1-5计取。

表1-5 通用安装工程其他项目费费率

定额编号	项目名称		计算基数	费率/%
B4	其他项目费			
B4-1	优质工程增加费			
B4-1-1	其中	县市区级优质工程	除优质工程增加费外税前工程造价	1.00
B4-1-2		设区市级优质工程		1.35
B4-1-3		省级优质工程		1.80
B4-1-4		国家级优质工程		2.25
B4-2	施工总承包服务费			
B4-2-1	其中	专业发包工程管理费（管理、协调）	专业发包工程金额	1.00～2.00
B4-2-2		专业发包工程管理费（管理、协调、配合）		2.00～4.00
B4-2-3		甲供材料保管费	甲供材料金额	0.50～1.00
B4-2-4		甲供设备保管费	甲供设备金额	0.20～0.50

注：其他项目费费率使用说明如下。
①其他项目费不分计税方法，统一按相应费率执行。
②优质工程增加费费率按工程质量综合性奖项测定，适用于获得工程质量综合性奖项工程的计价；获得工程质量单项性专业奖项的工程，费率标准由发承包方双方自行商定。
③专业发包工程管理费的取费基数按其税前金额确定，不包括相应的销项税；甲供材料保管费和甲供设备保管费的取费基数按其税前金额计算，包括相应的进项税。

（5）通用安装工程规费费率按表1-6计取。

表1-6 通用安装工程规费费率

定额编号	项目名称		计算基数	费率/%	
				一般计税	简易计税
B5	规费				
B5-1	其中	水、电、暖通、消防、智能、自控及自控安装工程	人工费+机械费	30.63	30.48
B5-2		设备及工艺金属结构安装工程		27.66	27.36

注：规费费率使用说明同企业管理费。

（6）通用安装工程增值税税率按表1-7计取。

表1-7 通用安装工程增值税税率

定额编号	项目名称	适用计税方法	计算基数	税率/%
B6	增值税			
B6-1	增值税销项税	一般计税方法	税前工程造价	10.00
B6-2	增值税征收税	简易计税方法		3.00

注：采用一般计税方法计税时，税前工程造价中的各费用项目均不包含增值税进项税额；采用简易计税方法计税时，税前工程造价中的各费用项目均应包含增值税进项税额。

根据浙江省住房和城乡建设厅2019年3月27日发文《关于增值税调整后我省建设工程计价依据增值税税率及有关计价调整的通知》（浙建建发[2019]92号文），计算增值税销项税额时，增值税税率由10%调整为9%，自2019年4月1日起执行。

浙建建发[2019]92号文

【例1-3】某住宅楼给排水工程位于市区，按一般计税法计算税金，该工程分部分项工程费13867元（未含进项税，并已按浙建建发[2019]92号文进行调整），其定额人工费与定额机械费之和为2588元，施工技术措施项目费（未含进项税）189元，其定额人工费与定额机械费之和为105元，施工取费费率按中值计取，施工组织措施费中计取的费用内容为安全文明施工费、冬雨季施工增加费和二次搬运费，其他施工组织措施项目费及其他项目费不计取，结合浙建建发[2019]92号文《关于增值税调整后我省建设工程计价依据增值税税率及有关计价调整的通知》要求，计算该住宅楼给排水工程招标控制价，计算结果取整数。计算程序见表1-8。

表1-8 某住宅楼给排水工程招标控制价计算程序

序号	费用名称		计算公式	金额/元
1	分部分项工程费		∑（分部分项工程量×综合单价）	13867
1.1	其中	人工费+机械费	∑分部分项（定额人工费+定额机械费）	2588
2	措施项目费		（2.1+2.2）	391
2.1	施工技术措施项目费		∑（技措项目工程量×综合单价）	189
2.1.1	其中	人工费+机械费	∑技措项目（定额人工费+定额机械费）	105
2.2	施工组织措施项目费		（2.2.1+2.2.2+2.2.3）	202
2.2.1	其中	安全文明施工基本费		191
2.2.2		冬雨季施工增加费	（1.1+2.1.1）×费率	4
2.2.3		二次搬运费		7
3	其他项目费		（3.1+3.2+3.3+3.4）	
3.1	暂列金额		（3.1.1+3.1.2+3.1.3）	
3.1.1	其中	标化工地增加费	按招标文件规定额度列计	
3.1.2		优质工程增加费	按招标文件规定额度列计	
3.1.3		其他暂列金额	按招标文件规定额度列计	
3.2	暂估价		（3.2.1+3.2.2+3.2.3）	
3.2.1	其中	材料（工程设备）暂估价	按招标文件规定额度列计（或计入综合单价）	
3.2.2		专业工程暂估价	按招标文件规定额度列计	
3.2.3		专项技术措施暂估价	按招标文件规定额度列计	
3.3	计日工		∑计日工（暂估数量×综合单价）	
3.4	施工总承包服务费		（3.4.1+3.4.2）	
3.4.1	其中	专业发包工程管理费	∑专业发包工程（暂估金额×费率）	
3.4.2		甲供材料设备管理费	甲供材料暂估金额×费率+甲供设备暂估金额×费率	
4	规费		（1.1+2.1.1）×30.63%	825
5	税金		（1+2+3+4）×9%	1357
	招标控制价合计		1+2+3+4+5	16440

任务1.3

安装工程定额介绍

1.3.1 《浙江省通用安装工程预算定额》（2018版）介绍

按不同专业分册编制，装订成9本，共有13册14307个子目，内容分别如下。

第一本：第一册《机械设备安装工程》，共1339个子目。

第二本：第二册《热力设备安装工程》，共864个子目。

第三本：第三册《静置设备与工艺金属结构制作、安装工程》，共1916个子目。

第四本：第四册《电气设备安装工程》，共1805个子目。

第五本：第五册《建筑智能化系统设备安装工程》，共843个子目。

第六册《自动化控制仪表安装工程》，共874个子目。

第六本：第七册《通风空调工程》，共504个子目。

第七本：第八册《工业管道工程》，共2289个子目。

第八本：第九册《消防设备安装工程》，共220个子目。

第十册《给排水、采暖、燃气工程》，共1284个子目。

第十一册《通信设备及线路工程》，共187个子目。

第九本：第十二册《刷油、防腐蚀、绝热工程》，共1935个子目。

第十三册《通用项目和措施项目工程》，共247个子目。

定额构成：每册定额由册说明和不同的章构成，每章中又由章说明、工程量计算规则、定额单位估价表、定额附录等组成。

定额章说明：介绍本章定额包括的安装内容，定额编制时考虑的工作范围，介绍定额使用情况，定额的换算系数等。

工程量计算规则：介绍工程数量计算时考虑的具体问题以及其计量单位。

定额单位估价表：是安装工程定额的核心内容，定额套的具体价格数量是由此表得来。

1.3.2 《浙江省通用安装工程预算定额》（2018版）单位估价表

下面以第十册第二章中管道附件（螺纹阀门）单位估价表（第十册第143页）为例进行介

绍（表1-9）。

表1-9 螺纹阀门单位估价表

工作内容：切管、套丝、阀门连接、水压试验。　　　　　　　　　　　　　　　　　　　　　计量单位：个

定额编号				10-2-1	10-2-2	10-2-3	10-2-4	10-2-5	10-2-6
项目				公称直径/mm 以内					
				15	20	25	32	40	50
基价				10.13	11.29	14.48	18.33	27.70	32.40
人工费/元				6.75	6.75	7.79	9.99	16.74	16.74
材料费/元				3.25	4.37	6.16	7.89	10.40	14.84
机械费/元				0.13	0.17	0.35	0.45	0.56	0.82
	名称	单位	单价/元	消耗量					
人工	二类人工	工日	135.00	0.050	0.050	0.059	0.074	0.124	0.124
材料	螺纹阀门	个	—	(1.010)	(1.010)	(1.010)	(1.010)	(1.010)	(1.010)
	镀锌活接头 DN15mm	个	—	(1.010)					
	镀锌活接头 DN20mm	个			(1.010)				
	镀锌活接头 DN25mm	个				(1.010)			
	镀锌活接头 DN32mm	个					(1.010)		
	镀锌活接头 DN40mm	个						(1.010)	
	镀锌活接头 DN50mm	个							(1.010)
	聚四氟乙烯生料带宽20mm	m	0.29	1.130	1.507	1.884	2.412	3.014	3.768
	尼龙砂轮片 ϕ400mm	片	8.19	0.004	0.004	0.008	0.012	0.015	0.021
	机油（综合）	kg	2.91	0.007	0.009	0.010	0.013	0.017	0.021
	水	m^3	4.27	0.001	0.001	0.001	0.001	0.001	0.001
	其他材料费	元	1.00	0.06	0.09	0.12	0.15	0.20	0.29
机械	管子切断套丝机159mm	台班	21.59	0.006	0.008	0.016	0.021	0.026	0.038

此单位估价表的表头：螺纹阀门—螺纹阀门安装，定额计量单位是"个"。

工作内容：螺纹阀门安装包括"切管、套丝、阀门连接、水压试验"一系列的工作。

表1-9中编制了6个定额子目编号，分别是10-2-1、10-2-2、10-2-3、10-2-4、10-2-5、10-2-6，这6个定额子目分别对应的是DN15mm、DN20mm、DN25mm、DN32mm、DN40mm、DN50mm六个不同规格的螺纹阀门安装。每一个定额子目下面有其安装费的基价。

基价单价 = 人工费 + 材料费（不含主材费）+ 机械费

人工费单价 = 人工消耗数量 × 工资单价

材料费单价 = Σ材料消耗量 × 材料单价

机械费单价 = Σ机械消耗量 × 机械台班单价

表1-9中的人工消耗数量、材料消耗数量、机械台班消耗数量是由定额编制人员给定的数

值（此数值是综合不同的工程调查总结得出的经验值）。

比如定额 10-2-1：

基价单价 = 人工费单价 + 材料费单价 + 机械费单价 =6.75+3.25+0.13=10.13（元/个）。

人工费单价 = 人工消耗数量 × 工资单价 =0.050×135.00=6.75（元/个）。

（小数点后取 2 位，第三位四舍五入，因人民币的有效值是"分"。）

材料费单价 = ∑材料消耗量 × 材料单价 = ∑（2.78×1.010+0.29×1.130+8.91×0.004+2.91×0.007+4.27×0.001+0.06）=3.25（元/个）。

材料费单价"3.25 元/个"中不含螺纹阀门的价格，螺纹阀门是未计价材料，在定额中只显示消耗量（1.010），不显示材料价格，对应价格栏是"—"，未计价材料是按照编制造价时工程所在地的实际价格计取。

机械费单价 = ∑机械消耗量 × 机械台班单价 =21.59×0.006=0.13（元/个）。

1.3.3　工程预算常用表格类型格式

表 1-10 ～ 表 1-16 为工程预算常用表格格式。技术措施项目清单计价表同"分部分项工程综合单价计算表"。

表 1-10　工程数量计算表格式

序号	项目部位、名称、规格	单位	数量	计算式
1				
2				

表 1-11　工程数量汇总表格式

序号	项目名称	单位	数量	计算式
1				
2				

表 1-12　分部分项工程量清单表格式

序号	项目编码	项目名称	项目特征描述	计量单位	工程数量
1					
2					

表 1-13　分部分项工程综合单价分析计算表格式

清单序号	项目编码（定额编码）	清单（定额）项目名称	计量单位	数量	综合单价/元						合计/元
					人工费	材料费	机械费	管理费	利润	小计	
1											
2											

表 1-14 分部分项工程清单计价表格式

清单序号	项目编码	项目名称	项目特征	计量单位	工程量	金额/元			
						综合单价	合价	其中	
								人工费	机械费
1									
2									

表 1-15 组织措施项目清单计价表格式

序号	项目编号	项目名称	计算基础	费率/%	金额/元
1					
2					

表 1-16 工程费用汇总计算格式

序号	费用名称	计算公式	金额/元
1			
2			

思考与练习

1. 单项选择题

（1）《浙江省通用安装工程预算定额》（2018 版）的工资单价是（　　）元/工日。

A. 135　　　　　　　　　　　　　　B. 85

C. 43　　　　　　　　　　　　　　　D. 100

（2）根据《建设工程工程量清单计价规范》（GB 50500—2013）中的规定，工程量清单项目编码的第四级表示（　　）。

A. 分类码　　　　　　　　　　　　　B. 章顺序码

C. 节顺序码　　　　　　　　　　　　D. 分部分项工程顺序码

（3）综合单价中不包括的内容是（　　）。

A. 人工费　　　　　　　　　　　　　B. 规费

C. 利润　　　　　　　　　　　　　　D. 机械费

2. 多项选择题

（1）安全文明施工费的内容包括（　　）。

A. 材料费　　　　　　　　　　　　　B. 施工机械使用费

C. 文明施工费　　　　　　　　　　　D. 环境保护费

E. 行人、行车干扰费

（2）定额计价规则规定提前竣工增加费的缩短工期比例包括以下（　　）几种，超过计价规则规定比例的，应按审定的措施方案计算相应提前竣工增加费。

A. 50%　　　　　　　　　　　　　　B. 30%

C. 15%　　　　　　　　　　　　　　D. 20%

E. 10%

（3）技术措施项目费用包括（　　）。

思考与练习

A. 建筑物超高增加费　　　　　　　B. 操作高度增加费
C. 企业管理费　　　　　　　　　　D. 冬雨季施工增加费
E. 脚手架搭拆费

（4）组织措施项目费用包括（　　）。

A. 规费　　　　　　　　　　　　　B. 安全文明施工费
C. 材料二次搬运费　　　　　　　　D. 脚手架搭拆费
E. 提前竣工增加费

3. 案例

已知：某住宅房屋工程 17 层，其电气安装费用如下：分部分项工程量清单费用合计 656850 元，其中人工费合计 99900 元、机械费合计 32865 元，按要求应计取的技术措施费包括脚手架费和建筑物超高增加费，编写技术措施项目清单综合单价计算（分析）表。计算结果取两位小数。

组织措施费按中值计取安全文明费和二次搬运费。其他施工组织措施项目费及其他项目费不计取，结合浙建建发〔2019〕92 号文《关于增值税调整后我省建设工程计价依据增值税税率及有关计价调整的通知》要求，按清单计价法计算该住宅楼电气工程招标控制价（按一般计税法计算）。计算结果取整数。

项目 2

给排水安装工程计量与计价

建议课时： 24课时（4+12+8）

教学目标

知识目标：（1）熟悉给排水工程图纸识读要点；
（2）掌握给排水系统工程量计算方法；
（3）掌握给排水系统工程量清单编制及综合单价计算方法。

能力目标：（1）能够准确计算给排水系统工程量；
（2）能够正确编制给排水系统工程量清单，并计算清单综合单价。

思政目标：（1）提高道德修养和职业道德；
（2）树立服务意识；
（3）培养严谨认真的工作态度。

引言

建筑行业的稳定直接关系国民经济的发展，关系到人们生活水平的提高。建筑给排水工程与人们的生活息息相关，其包括了生活给水系统、生活污水废水排水系统、雨水与空调冷凝水系统、消防中的消火栓和自动喷淋灭火系统等，是建筑安装工程的重要部分，所以给排水工程造价一直是业内人士所关注的重点。随着改革开放的不断深入与经济的不断发展，为了确保建筑投资方、施工方和使用方的经济利益，必须对建筑给排水工程各阶段工程造价做好严格控制，以便使建筑给排水工程造价发挥最大的经济效益和社会效益。

建筑给排水工程造价是建设安装工程造价中的重要组成部分，不仅可防止投资突破限额，更积极的意义是促进建设、设计、施工单位加强对有限资源的充分利用，达到最好的经济效益。因此，需要我们造价工作人员不断提高自身的专业知识，让企业获得社会效益，促进企业可持续发展。

任务2.1 工程量计算清单规范与定额的学习

2.1.1 给排水系统工程量清单相关知识及应用

2.1.1.1 工程量清单项目设置的内容

根据《通用安装工程工程量计算规范》（GB 50856—2013）附录 K，与给排水系统相关的共有 5 个分部，详见表 2-1。

给排水工程量清单

表 2-1 给排水工程工程量清单项目设置内容

项目编码	项目名称	分项工程项目
031001	给排水、采暖、燃气管道	本部分包括镀锌钢管、钢管、不锈钢管、铜管、铸铁管、塑料管、复合管、直埋式预制保温管、承插陶瓷缸瓦管、承插水泥管及室外管道碰头共 11 个分项工程项目
031002	支架及其他	本部分包括管道支架、设备支架、套管共 3 个分项工程项目
031003	管道附件	本部分包括各种螺纹阀门、螺纹法兰阀门、焊接法兰阀门、带短管甲乙阀门、塑料阀门、减压器、疏水器、除污器（过滤器）、补偿器、软接头（软管）、法兰、倒流防止器、水表、热量表、塑料排水管消声器、浮标液面计、浮标水位标尺共 17 个分项工程项目

续表

项目编码	项目名称	分项工程项目
031004	卫生器具	本部分包括各种浴缸、净身盆、洗脸(手)盆、洗涤盆、化验盆、大便器、小便器、其他成品卫生器具、烘手器、淋浴器(间)、桑拿浴房、大、小便槽自动冲洗水箱、给、排水附(配)件、小便槽冲洗管、蒸汽-水加热器、冷热水混合器、饮水器、隔油器共19个分项工程项目
031006	采暖、给排水设备	本部分包括变频给水设备、稳压给水设备、无负压给水设备、气压罐、太阳能集热装置、地源(水源、气源)热泵机组、除砂器、水处理器、超声波灭藻设备、水质净化器、紫外线杀菌设备、热水器(开水炉)、消毒器(消毒柜)、直饮水设备、水箱共15个分项工程项目

2.1.1.2 给排水系统工程量清单规范的应用

（1）安装部位指管道安装在室内、室外。
（2）输送介质包括给水、排水、中水、雨水、热媒体、燃气、空调水等。

各种管材图片　　各种阀门图片

（3）方形补偿器制作安装应包括在管道安装综合单价中。
（4）铸铁管安装适用于承插铸铁管、球墨铸铁管、柔性抗震铸铁管等。
（5）塑料管安装适用于PVC（聚氯乙烯）、UPVC（硬质聚氯乙烯）、PPC（PP共聚物）、PPR（无规共聚聚丙烯）、PE（聚乙烯）、PB（聚丁烯）等塑料管材。
（6）复合管安装适用于钢塑复合管、铝塑复合管、钢骨架复合管等复合型管道。

2.1.1.3 给排水系统工程清单计算规范相关问题及说明

（1）管道界限的划分
① 给水管道室内外界限划分：以建筑物外墙皮1.5m为界，入口处设阀门者以阀门为界。
② 排水管道室内外界限划分：以出户第一个排水检查井为界。
（2）管道热处理、无损探伤，应按现行国家标准《通用安装工程工程量计算规范》（GB 50856—2013）附录H工业管道工程相关项目编码列项。
（3）管道、设备及支架除锈、刷油、保温除注明者外，应按现行国家标准《通用安装工程工程量计算规范》（GB 50856—2013）附录M刷油、防腐蚀、绝热工程相关项目编码列项。
（4）凿槽（沟）、打洞项目，应按现行国家标准《通用安装工程工程量计算规范》（GB 50856—2013）附录D电气设备安装工程相关项目编码列项。

2.1.2 给排水系统工程预算定额相关知识与定额应用

2.1.2.1 定额相关知识

（1）定额内容。给排水系统使用《浙江省通用安装工程预算定额》（2018版）第十册《给排水、采暖、燃气工程》第一章管道安装、第二章管道附件、第三章卫生器具和第四章采暖、给排水设备。

（2）适用范围。第十册《给排水、采暖、燃气工程》定额适用于新建扩建、改建项目中的生活用给排水和采暖空调水系统中的管道附件管件、器具及附属设备等安装工程。

（3）执行其他册相应定额的内容

① 生产生活共用的管道，锅炉房、泵房管道以及建筑物内加压泵间、空调制冷机房的管道执行第八册《工业管道工程》相应定额。

② 水暖设备、器具等的电气检查、接线工作执行第四册《电气设备安装工程》相应定额。

③ 刷油、防腐蚀、绝热工程执行第十二册《刷油、防腐蚀、绝热工程》相应定额。

④ 各种套管、支架的制作与安装执行第十三册《通用项目和措施项目工程》相应定额。

（4）界限划分（图2-1、图2-2）

① 给水、采暖管道与市政管道界限以水表井为界，无水表井者以与市政管道碰头点为界。

② 室外排水管道以与市政管道碰头井为界。

③ 室内外给水管道以建筑物外墙皮1.5m为界，入口处设阀门者以阀门为界。

④ 室内外排水管道以出户第一个排水检查井为界。

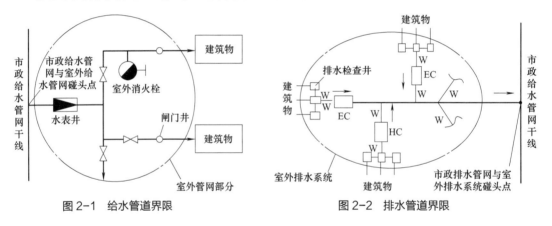

图2-1 给水管道界限　　　　图2-2 排水管道界限

（5）第十册定额各项费用的规定

① 脚手架搭拆费。脚手架搭拆费是指施工需要的各种脚手架搭、拆、运输费用及脚手架的摊销（或租赁）费用。

给排水工程的脚手架搭拆费可按第十三册《通用项目和措施项目工程》第二章措施项目工程相应定额子目（13-2-10）计算，以"工日"为计量单位。

② 建筑物超高增加费。建筑物超高增加费是指施工中施工高度超过6层或20m的人工降效，以及材料垂直运输增加的费用。

层数指设计的层数（含地下室、半地下室的层数）。阁楼层、面积小于标准层30%的顶层及层高在2.2m以下的地下室或技术设备层不计算层数。

高度指建筑物从地下室设计标高至建筑物檐口底的高度，不包括突出屋面的电梯机房、屋顶亭子间及屋顶水箱的高度等。

给排水工程的建筑物超高增加费可按第十三册《通用项目和措施项目工程》第二章措施项目工程相应定额子目（13-2-64～13-2-73）计算，以"工日"为计量单位。

③ 操作高度增加费。给排水系统操作高度增加指操作物高度距离楼地面 3.6m 以上的分部分项工程，按照其超过部分高度，选取第十三册《通用项目和措施项目工程》第二章措施项目工程相应定额子目（13-2-88～13-2-90）计算，以"工日"为计量单位。

2.1.2.2 给排水系统工程的定额应用

给排水系统工程的定额主要指第十册《给排水、采暖、燃气工程》第一章管道安装、第二章管道附件、第三章卫生器具和第四章采暖、给排水设备定额，下面以第一章为例，"本章"指第一章内容。

给排水工程定额

（1）定额内容。本章定额包括室内外生活用给水、排水、雨水、采暖热源管道、空调冷媒管道的安装。

（2）有关说明

① 给水管道安装项目中，均包括水压试验及水冲洗工作内容，如需消毒，执行本册第八章的相应项目；排（雨）水管道包括灌水（闭水）及通球试验工作内容。

② 钢管焊接安装项目中均综合考虑了成品管件和现场煨制弯管、摔制大小头、挖眼三通。

③ 管道安装项目中，除室内塑料管道等项目外，其余均不包括管道型钢支架、管卡、托钩等制作安装，发生时，执行第十三册《通用项目和措施项目工程》相应定额。

④ 管道穿墙、过楼板套管制作安装等工作内容，发生时，执行第十三册《通用项目和措施项目工程》的"一般穿墙套管制作安装"相应子目，其中过楼板套管执行"一般穿墙套管制作安装"相应子目时，主材按 0.2m 计，其余不变。

如设计要求穿楼板的管道要安装刚性防水套管，执行第十三册《通用项目和措施项目工程》中"刚性防水套管安装"相应子目，基价乘以系数 0.3，"刚性防水套管"主材费另计。若"刚性防水套管"由施工单位自制，则执行第十三册《通用项目和措施项目工程》中"刚性防水套管制作"相应子目，基价乘以系数 0.3，焊接钢管按相应定额主材用量乘以 0.3 计算。

⑤ 雨水管安装定额（室内虹吸塑料雨水管安装除外），已包括雨水斗的安装，雨水斗主材另计；虹吸式雨水斗安装执行第十册第二章管道附件的相应项目。

⑥ 室外管道碰头适用于新建管道与已有管道的破口开三通碰头连接，执行第十册第六章燃气管道相应定额。如已有水源管道已做预留接口则不执行相应安装项目。

⑦ 管道预安装（即二次安装，指确实需要且实际发生管子吊装上去进行点焊预安装，然后拆下来经镀锌再二次安装的部分），其定额人工乘以系数 2.0。

⑧ 若设计或规范要求钢管需热镀锌，热镀锌及场外运输费用发生时另行计算。

⑨ 卫生间（内周长在 12m 以下）暗敷管道每间补贴 1.0 工日，卫生间（内周长在 12m 以上）暗敷管道每间补贴 1.5 工日，厨房暗敷管道每间补贴 0.5 工日，阳台暗敷管道每个补贴 0.5 工日，其他室内管道安装，不论明敷或暗敷，均执行相应管道安装定额子目不做调整。

【例 2-1】两间内周长均为 20m 的厨房管道明敷，应补贴人工（　　）工日。
A. 0　　　　　B. 1.0　　　　　C. 1.5　　　　　D. 3.0
【答案】A
【解析】根据《浙江省通用安装工程预算定额》（2018 版）第十册 P79，卫生间（内周长在

12m 以下）暗敷管道每间补贴 1.0 工日，卫生间（内周长在 12m 以上）暗敷管道每间补贴 1.5 工日，厨房暗敷管道每间补贴 0.5 工日，阳台暗敷管道每间补贴 0.5 工日，其他室内管道安装，不论明敷或暗敷，均执行相应管道安装定额子目不做调整。

⑩ 室内钢塑给水管沟槽连接，执行室内钢管沟槽连接的相应项目。

⑪ 排水管道消能装置中的四个弯头可另计材料费，其余仍按管道计算；H 型管计算连接管的长度，管件不再另计。

⑫ 室内螺旋消音塑料排水管（粘接）安装执行室内塑料排水管（粘接）安装定额项目，螺旋管件单价按实补差，定额管件总含量保持不变。

⑬ 楼层阳台排水支管与雨水管接通组成排水系统，执行室内排水管道安装定额，雨水斗主材另计。

⑭ 弧形管道制作安装按相应管道安装定额，定额人工费和机械费乘以系数 1.40。

⑮ 室内雨水镀锌钢管（螺纹连接）项目，执行室内镀锌钢管（螺纹连接）定额基价乘以系数 0.8。

⑯ 钢骨架塑料复合管执行塑料管安装的相应定额项目。

⑰ 预制直埋保温管安装项目中已包括管件安装，但不包括接口保温，发生时执行接口保温安装项目。

⑱ 空调凝结水管道安装项目是按集中空调系统编制的，并适用于用户单体空调设备的凝结水管道系统的安装。

（3）工程量计算规则

① 各类管道安装工程量，均按设计管道中心线长度，以"m"为计量单位，不扣除阀门、管件、附件（包括器具组成）及井类所占长度。

② 室内给排水管道与卫生器具连接的分界线

a. 给水管道工程量计算至卫生器具（含附件）前与管道系统连接的第一个连接件（角阀、三通、弯头、管箍等）止。

b. 排水管道工程量自卫生器具出口处的地面或墙面的设计尺寸算起，与地漏连接的排水管道自地面设计尺寸算起，不扣除地漏所占长度。

③ 方形补偿器所占长度计入管道安装工程量。方形补偿器制作安装应执行本册定额第二章"管道附件"相应项目。

④ 直埋保温管保温层补口分管径以"个"为计量单位。

【例 2-2】关于第十册《给排水、采暖、燃气工程》，以下说法错误的是（　　）。

A. 排水 H 形管计算连接管的长度，管件按实计算

B. 方形补偿器所占长度计入管道安装工程量

C. 所有雨水管定额中均不包含雨水斗的主材费

D. 定额中减压器、疏水器、倒流防止器均按成组安装考虑

【答案】A

【解析】A：根据《浙江省通用安装工程预算定额》（2018 版）第十册 P79，H 形管计算连接管的长度，管件不再另计。

B：根据《浙江省通用安装工程预算定额》（2018版）第十册P81。

C：根据《浙江省通用安装工程预算定额》（2018版）第十册P79，雨水管安装定额（室内虹吸塑料雨水管安装除外）已包括雨水斗的安装，雨水斗主材另计，虹吸式雨水斗安装执行本册第二章管道附件的相应项目。P200，虹吸式雨水斗定额的基价中未包含虹吸式雨水斗主材，所以C选项是对的。

D：根据《浙江省通用安装工程预算定额》（2018版）第十册P141。

知识拓展

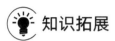

管道连接图片与视频

管道根据使用的场合和材质特点，常需要使用不同的连接方式。常用的连接方法有：螺纹连接、法兰连接、焊接、沟槽连接（卡箍连接）、卡套式连接、卡压连接、热熔连接等。

① 螺纹连接。螺纹连接采用将带有圆锥管螺纹内、外接口的两个连接件旋紧的方式连接，通过连接口螺纹的压力密封，达到连接效果。在传统的镀锌钢管中被广泛使用。螺纹连接适用于管径小于或等于100mm的镀锌钢管，多用于明装管道。由于螺纹连接的丝扣常常会破坏镀锌层表面，极易造成管道的腐蚀，所以套丝扣时破坏的镀锌层表面及外露螺纹部分应做防腐处理。

② 法兰连接。法兰连接就是把两个管道、管件或器材，先各自固定在一个法兰盘上，然后在两个法兰盘之间加上法兰垫，最后用螺栓将两个法兰盘拉紧使其紧密结合起来。直径较大的管道采用法兰连接，法兰连接一般用在主干道连接阀门、止回阀、水表、水泵等处，以及需要经常拆卸、检修的管段上。

③ 焊接。金属管道常常会用到焊接的方式连接。焊接是一种以加热、高温或者高压的方式接合金属的制造工艺及技术，通常有以下几种方式。

熔焊——加热欲接合工件使局部熔化形成熔池，必要时可加入熔填物辅助，熔池冷却凝固后便接合。

压焊——焊接过程必须对焊件施加压力。

钎焊——采用比母材熔点低的金属材料做钎料，利用液态钎料润湿母材，填充接头间隙，并与母材互相扩散实现连接焊件。

焊接适用于金属管道，多用于暗装管道和直径较大的管道。当管径小于22mm时宜采用承插或套管焊接，承口应迎介质流向安装，当管径大于或等于22mm时宜采用对口焊接。

焊接最大的问题是有造成腐蚀的风险，焊接口在长期使用情况下容易生锈。焊接质量对焊接技术依赖性比较大，管道连接质量难以稳定控制。

④ 沟槽连接。沟槽式连接件连接可用于消防水、空调冷热水、给水、雨水等系统直径大于或等于100mm的镀锌钢管，具有操作简单、不影响管道的原有特性、施工安全、系统稳定性好、维修方便、省工省时等特点。

⑤ 卡套式连接。用锁紧螺母和丝扣管件将管材压紧于管件上的连接方式。将配件螺母套在管道端头，再把配件内芯套入端头内，用扳手把紧配件与螺母即可。铜管的连接也可采用螺纹卡套压接。卡套接头不适合高温、有振动的地方。

⑥ 卡压式连接。卡压式连接常见于薄壁管道的连接。其采用径向收缩外力（液压钳）将管件卡紧在管子上，并通过O形密封圈止水，达到连接效果。类似原理还有环压式连接。卡压式连接安装简便，但其对于冷水系统、直饮水系统的明装管道较为适用。因为当管内的密封圈老化时需要更换会比较麻烦。热水系统要尽量避免使用，因为密封圈和金属材料的热胀冷缩性质不一样，且密封圈经冷热循环更容易老化。因此，暗装管道和热水系统一般不推荐使用这种连接方式的管道。

⑦ 热熔连接。热熔连接广泛应用于PPR管、PB管、PE-RT管等新型管材与管件连接。

管件热熔连接操作要点：达到加热时间后，立即把管材和管件从加热套与加热头上同时取下，迅速无旋转地直线均匀插入到所标深度，使接头处形成均匀凸缘。

热熔连接主要有热熔承插连接和热熔对焊连接，热熔连接具有连接简便、使用年限久、不易腐蚀等优点。

给排水系统工程量计算

2.2.1　工程图纸识读

要做好给排水安装工程造价编制工作，必须搞清楚给排水安装工程施工图中反映的安装工作内容和安装施工要求。所以有必要明确图纸的组成，在此基础上详细分析图纸才能明确各种安装工作内容，然后才能结合定额工程量计算规则，计算详细的安装工程数量，这是做好造价编制的前提。只有将图纸内容搞清楚，才能正确计算工程数量。

2.2.1.1　建筑给排水施工图的组成

一套建筑给排水施工图是用于解决建筑室内给水及排水方式、所用材料及设备的规格型号、安装方式及安装要求的技术资料。它用于表现给排水设施在房屋中的位置、与建筑结构的关系、与建筑中其他设施的关系以及在安装中的施工工艺要求等一系列内容，是重要的技术文件。

室内给排水工程图的组成包括设计说明、给排水平面图、给排水系统图和详图等几部分。

（1）图纸目录。列出图纸中涉及的主要内容。常用给排水图例（括弧中为系统图图例）如表2-2所示。

表2-2　常用给排水图例

名称	图例	名称	图例
生活给水管	—— J ——	检查口	H
生活污水管	—— SW ——	清扫口	—○（T）

续表

名称	图例	名称	图例
通气管	—T—	地漏	—◎（▽）
雨水管	—Y—	浴盆	▭
水表	—⌀—	洗脸盆	⊙
截止阀	—⊤—	蹲式大便器	▢
闸阀	—⋈—	坐式大便器	▯
止回阀	—⟋—	洗涤池	⊠
蝶阀	—◣—	立式小便器	▽
自闭冲洗阀	⊢	室外水表井	—▶—
雨水口	◐（▽）	矩形化粪池	—▭—
存水弯	⋍ ⌐	圆形化粪池	—◯◯—
消火栓	◣（—⊘）	阀门井（检查井）	—◯—

（2）施工说明书。简单介绍系统包括的内容及必要的数据、材料的材质、管道连接方式、阀门型号、保温或绝热做法、卫生洁具的规格及型号或生产厂家、试压要求及验收标准或某些需要说明的特殊要求等。

给排水标准图例

（3）给排水设备明细表。列出给水、排水设备（给水泵、排水泵、气压给水装置、各类水箱等）的型号、规格及数量或生产厂家。

（4）给排水平面图。主要表明建筑物每层的给水（含生活给水、消火栓或自动喷淋系统）及排水（含生活、生产污废水及雨水系统）管道和卫生洁具或用水设备的平面布置，表明管道走向及与建筑平面尺寸（按比例画出）的相对关系，表明平面图中标注管道的管径变化，给水引入口的位置及系统编号，污水及雨水排出口位置及系统编号、系统立管编号等相应内容。

（5）给排水系统图（透视图）。系统图是在平面图的基础上，将管道在立体空间的布置关系（一般没有按比例画）表示出来。在平面图上无法表示的多根管道的立体交叉的标高、走向、坡度及地下管道埋设的深度，在系统图内可清楚地表示出来；卫生洁具、用水设备及给排水设备与管道的连接方法及标高，立管上的阀门、压力表等安装的位置均表示在系统图上。在系统图上标注出与平面图相对应的各给排水系统的编号、总管的入口及出口标高、管道的管径。系统图是组成给排水施工图的重要图纸之一，对多层建筑或高层建筑更能清楚地表示出全部系统设置情况，同时能反映出建筑物的层高或地面的标高。

（6）节点大样图。当较复杂的卫生间、多组合不同的卫生间、给水泵房、排水泵房、气压给水设备、水箱间等设备的平面布置不能清楚表达时，可辅以局部放大比例的大样图来表示。对局部放大的平面图还可用多个剖面图来补充其立体的布置。

2.2.1.2 建筑给排水施工图识图要领

设计说明、图例、给水平面图、系统图等是给水排水工程图的有机组成部分，它们相互关联，相互补充，共同表达室内给排水管道、卫生器具等的形状、大小及其空间位置。读图时必须结合起来，才能够准确把握设计者的意图。阅读给排水施工图应该首先看设计说明及相应的图标、图例及有关内容，然后将平面图与系统图对照起来阅读。具体识图方法如下。

（1）阅读设计说明。设计说明是用文字而非图形的形式表达有关必须交代的技术内容。它是图纸的重要组成部分。说明中交代的有关事项，往往对整套给水排水工程图的识读和施工都有重要的影响，因此读懂设计说明是识读工程图的第一步，必须认真对待，也要收集查阅、熟悉掌握。比如，在给排水工程施工图的设计说明中，往往将管道经过楼板或过墙部位的套管类型，管道的除锈、刷油、保温等要求用文字形式来介绍，这些内容是在平面图和系统图中都看不到的。

设计说明所要记述的内容是按工程具体需要而定的，以能够交代清楚设计人的设计意图为原则，一般包括工程概况、设计依据、设计范围、各系统设计概况、安装方式、工艺要求、尺寸单位、管道防腐、试压等内容。

（2）浏览给排水平面图。浏览给排水平面图首先看首层给排水平面图，然后看其他楼层给排水平面图。看给排水平面图时，首先确定每层给排水房间的位置和数量、给排水房间内的卫生器具和用水设备的种类和平面布置情况，然后确定给水引入管与排水排出管的数量和位置，最后确定给排水干管道干管、立管和支管的位置。

（3）对照平面图，阅读给排水系统图。根据平面图找出对应给排水系统图，首先找出平面图和系统图中相同编号的给水引入管与排水排出管，然后找出相同编号的立管，最后按照一定顺序阅读给排水系统图。

阅读给水系统图：一般按照水流的方向阅读，从引入管开始，按照从引入管→干管→立管→支管→配水装置的顺序进行。

阅读排水系统图：一般按照水流的方向阅读，从器具排水管开始，按照器具排水管→排水横支管→排水立管→排水干管→排出管（也称出户管）的顺序进行。

在施工图中，对于某些常见部位的管道器材、设备等细部位置、尺寸和构造要求，往往是不加说明的，而是遵循专业设计规范、施工操作规程等标准进行施工的，读图时欲了解其详细做法，尚需参照有关标准图集和安装详图。

2.2.2　给排水系统工程量计算案例

2.2.2.1　工程基本概况及工程施工说明

本工程为某五层住宅局部的卫生间给排水系统，给排水工程图例见表2-3，给排水平面图见图2-3，给水系统图见图2-4，排水系统图见图2-5。

（1）该住宅楼为砖混结构，层高3m，屋顶为可上人屋面，透气管伸出屋面2m。

（2）本工程采用相对标高，单位以"m"计，管线标高给水管以管中心线计、排水管以管底计,其余尺寸以"mm"计。

(3)除标注尺寸外,管中心距离墙面:给水管按50mm计,排水管按100mm计。

(4)给水系统:采用直接供水方式,给水系统工作压力为0.35MPa;采用钢塑管,螺纹连接,管道安装完毕后需进行水压试验、冲洗。

(5)排水系统:卫生间排水管采用UPVC管,承插粘接;卫生设备排水留洞已根据所定洁具型号预留。

(6)卫生间内穿楼板以及穿外墙给、排水管道加装钢套管(套管直径比工作管道大二号);穿屋面管道设置刚性防水套管。

(7)管道支架不计。

(8)材料和设备的规格型号(见表2-4)。

① 挂墙式13102型陶瓷洗脸盆,配备冷热水混合水龙头。

② 钢塑管组成淋浴器,配备冷热水混合龙头带喷头。

③ 连体水箱坐式陶瓷大便器。

④ DN50mm圆形不锈钢地漏,不锈钢DN100mm地面扫除口。

⑤ 旋翼式螺纹水表LXS-25C、DN25mm,内螺纹直通式闸阀。

⑥ 内螺纹直通式截止阀J11T-1.6 DN40mm。

表2-3 给排水工程图例

名称	图例
淋浴器	
地漏	
水表	
检查口	
截止阀	
给水管	
排水管	
闸阀	
延时自闭冲洗阀	
角阀	

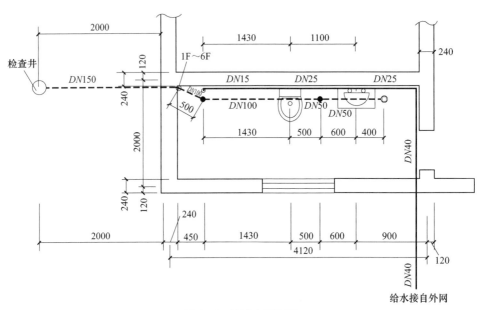

图 2-3 给排水平面图

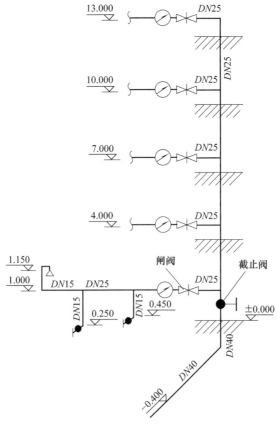

图 2-4 给水系统图

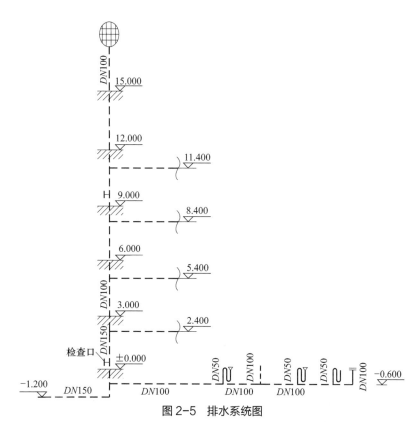

图 2-5 排水系统图

表 2-4 主要材料和设备的价格

序号	名称、规格、型号	单价
1	UPVC $DN150$mm	25 元/m
2	UPVC $DN100$mm	15 元/m
3	UPVC $DN50$mm	5 元/m
4	不锈钢地漏 $DN50$mm	65 元/个
5	不锈钢地面扫除口 $DN100$mm	110 元/个
6	中厚钢板综合	4 元/kg
7	成套连体水箱坐式陶瓷大便器	1500 元/个
8	截止阀 J11-1.6 $DN40$mm	65 元/个
9	扁钢 Q235B 综合	4 元/kg
10	水	4 元/m³
11	洗脸盆	300 元/个
12	洗脸盆托架	100 元/副
13	洗脸盆排水附件	80 元/套
14	混合冷热水龙头	400 元/个
15	碳素结构钢焊接钢管综合	4 元/kg
16	碳钢管 $DN40$mm	15 元/m

续表

序号	名称、规格、型号	单价
17	碳钢管 $DN65$mm	25 元/m
18	碳钢管 $DN150$mm	70 元/m
19	碳钢管 $DN200$mm	170 元/m
20	莲蓬喷头	100 元/个
21	螺纹水表 LXS-25C $DN25$mm	85 元/只
22	角型阀（带铜活）$DN15$mm	30 元/个
23	金属软管	15 元/根
24	钢塑给水管 $DN40$mm	35 元/m
25	钢塑给水管 $DN25$mm	23 元/m
26	钢塑给水管 $DN15$mm	12 元/m
27	闸阀 $DN25$mm	30 元/个

2.2.2.2 工程量计算与清单

任务要求：按照《通用安装工程工程量计算规范》（GB 50856—2013）、《浙江省建设工程计价规则》（2018 版）、《浙江省通用安装工程预算定额》（2018 版）的内容列项，计算给排水系统工程量。

第一步：计算给水系统工程量，结果如表 2-5 所示。

表 2-5 某住宅给水系统工程量计算表

序号	项目部位、名称	单位	数量	计算式
1	钢塑管 $DN40$mm，螺纹连接	m	13.85	1.5（室内外界限划分）+0.12（半砖墙厚）+2（卫生间墙的轴线尺寸）-0.12（半砖墙厚）-0.05（立管中心至墙面距离）+（10+0.4）（立管）=13.85
2	钢塑管 $DN25$mm，螺纹连接	m	12.15	[(0.5+0.6+0.9)（坐式大便器冲洗管中心至右侧墙中心距离）-0.12（半砖墙厚）-0.05（立管中心至墙面距离）]×5+3（第五层层高）=12.15
3	钢塑管 $DN15$mm，螺纹连接	m	14.4	[1.43（淋浴器中心至坐式大便器冲洗管中心距离）+（1.15-1）（淋浴器立管）+（1-0.25）（坐式大便器短立管）+（1-0.45）（洗脸盆短立管）]×5=14.4
4	穿楼板钢套管 $DN65$mm	个	1	穿外墙 1 个
5	穿楼板钢套管 $DN65$mm	个	3	穿 1～3 层楼板共 3 个
6	穿楼板钢套管 $DN40$mm	个	1	穿 4 层楼板 1 个
7	截止阀 $DN40$mm，螺纹连接	个	1	1 层立管上
8	旋翼式螺纹水表 $DN25$mm，螺纹连接	组	5	每层 1 组

第二步：计算排水系统工程量，结果如表 2-6 所示。

表 2-6 某住宅排水系统工程量计算表

序号	项目部位、名称	单位	数量	计算式
1	UPVC 排水管 DN150mm，承插粘接	m	5.94	2（室外第一个排水检查井至外墙皮）+0.24（墙厚）+0.1（排水立管中心到墙的距离）+（1.2+2.4）(标高 2.4m 以下立管）=5.94
2	UPVC 排水管 DN100mm，承插粘接	m	37.75	[0.5（排水立管中心至左侧地漏距离）+(1.43+0.5+0.6+0.4)（左侧地漏至清扫口距离）+0.6（坐便器接至排水横管长度）+0.6（清扫口接至排水横管长度）]×5+（15-2.4）（立管）+2（伸出屋面）=37.75
3	UPVC 排水管 DN50mm，承插粘接	m	9	0.6×3（洗脸盆、地漏接至排水横管长度）×5=9
4	钢塑管组成淋浴器，配备冷热水混合龙头带喷头	套	5	每层 1 套
5	成套连体水箱坐式陶瓷大便器	套	5	每层 1 套
6	挂墙式陶瓷洗脸盆，配备冷热水混合水龙头	组	5	每层 1 组
7	不锈钢地面扫除口 DN100mm	个	5	每层 1 个
8	不锈钢地漏 DN50mm	个	10	2（每层 2 个）×5=10
9	穿楼板钢套管 DN150mm	个	4	穿 2～5 层地面，每层各 1 个
10	穿楼板钢套管 DN200mm	个	1	穿外墙 1 个
11	穿屋面设置刚性防水套管 DN100mm	个	1	穿屋面 1 个

第三步：根据清单规范及定额相关内容，遵循管道、设备及附件的属性（规格型号，材质，部位，管道及附件连接方式，设备安装方式等）相同原则，安装清单规范所列工程量清单顺序，汇总计算给排水系统工程量，结果如表 2-7 所示。

表 2-7 某住宅排水系统工程量汇总

序号	项目部位、名称	单位	数量
1	钢塑管 DN40mm，螺纹连接	m	13.85
2	钢塑管 DN25mm，螺纹连接	m	12.15
3	钢塑管 DN15mm，螺纹连接	m	14.4
4	UPVC 排水管 DN150mm，承插粘接	m	5.94
5	UPVC 排水管 DN100mm，承插粘接	m	37.75
6	UPVC 排水管 DN50mm，承插粘接	m	9
7	穿屋面设置刚性防水套管 DN100mm	个	1
8	穿楼板钢套管 DN150mm	个	4
9	穿楼板钢套管 DN65mm	个	3
10	穿楼板钢套管 DN40mm	个	1
11	穿外墙钢套管 DN200mm	个	1
12	穿外墙钢套管 DN65mm	个	1
13	截止阀 DN40mm，螺纹连接	个	1
14	旋翼式螺纹水表 DN25mm，螺纹连接	组	5
15	钢塑管组成淋浴器，配备冷热水混合龙头带喷头	套	5
16	成套连体水箱坐式陶瓷大便器	套	5
17	挂墙式陶瓷洗脸盆，配备冷热水混合水龙头	组	5
18	不锈钢地面扫除口 DN100mm	个	5
19	不锈钢地漏 DN50mm	个	10

任务2.3

室内给排水系统清单编制与综合单价分析

第一步：根据任务 2.2 中的工程量计算汇总结果，按现行的《通用安装工程工程量计算规范》（GB 50856—2013）附录 K，编制本工程分部分项工程量清单，结果如表 2-8 所示。

表 2-8　某住宅排水系统分部分项工程量清单

序号	项目编码	项目名称	项目特征	单位	数量
1	031001007001	复合管	①安装部位：室内 ②介质：给水 ③材质、规格：钢塑复合管 $DN40mm$ ④连接形式：螺纹连接 ⑤压力试验及吹、洗设计要求：工作压力 0.35MPa，含水压试验及管道冲洗	m	13.85
2	031001007002	复合管	①安装部位：室内 ②介质：给水 ③材质、规格：钢塑复合管 $DN25mm$ ④连接形式：螺纹连接 ⑤压力试验及吹、洗设计要求：工作压力 0.35MPa，含水压试验及管道冲洗	m	12.15
3	031001007003	复合管	①安装部位：室内 ②介质：给水 ③材质、规格：钢塑复合管，$DN15mm$ ④连接形式：螺纹连接 ⑤压力试验及吹、洗设计要求：工作压力 0.35MPa，含水压试验及管道冲洗	m	14.4
4	031001006001	塑料管	①安装部位：室内 ②介质：排水 ③材质、规格：UPVC 排水管，$DN150mm$ ④连接形式：承插粘接	m	5.94
5	031001006002	塑料管	①安装部位：室内 ②介质：排水 ③材质、规格：UPVC 排水管，$DN100mm$ ④连接形式：承插粘接	m	37.75
6	031001006003	塑料管	①安装部位：室内 ②介质：排水 ③材质、规格：UPVC 排水管，$DN50mm$ ④连接形式：承插粘接	m	9
7	031002003001	套管	①名称、类型：穿屋面刚性防水套管制作安装 ②材质：刚性防水套管 ③规格：$DN100mm$	个	1

续表

序号	项目编码	项目名称	项目特征	单位	数量
8	031002003002	套管	①名称、类型：穿楼板钢套管制作安装 ②材质：钢套管 ③规格：$DN150mm$	个	4
9	031002003003	套管	①名称、类型：穿楼板钢套管制作安装 ②材质：钢套管 ③规格：$DN65mm$	个	3
10	031002003004	套管	①名称、类型：穿楼板钢套管制作安装 ②材质：钢套管 ③规格：$DN40mm$	个	1
11	031002003005	套管	①名称、类型：穿外墙钢套管制作安装 ②材质：钢套管 ③规格：$DN200mm$	个	1
12	031002003006	套管	①名称、类型：穿外墙钢套管制作安装 ②材质：钢套管 ③规格：$DN65mm$	个	1
13	031003001001	螺纹阀门	①类型：截止阀 ②材质：灰铸铁 ③规格、压力等级：J11-1.6，$DN40mm$ ④连接形式：螺纹连接	个	1
14	031003013001	水表	①安装部位：室内 ②型号、规格：LXS-25C，$DN25mm$ ③连接形式：螺纹连接 ④附件配置：含1个$DN25mm$闸阀	组	5
15	031004010001	淋浴器	①材质、规格：钢塑管 ②组装形式：钢塑管组成淋浴器（丝接） ③附件名称、数量：排水附件1套；配备冷热水混合龙头带喷头1个；钢塑给水管$DN15mm$配套使用量2.5m	套	5
16	031004006001	大便器	①材质：陶瓷 ②规格、类型：成套连体水箱坐式陶瓷大便器 ③组装形式：坐式 ④附件名称、数量：角型阀$DN15mm$，1个；进水阀配件1套；坐便器桶盖1套；金属软管1根	套	5
17	031004003001	洗脸盆	①材质：陶瓷 ②规格、类型：13102型 ③组装形式：挂墙式 ④附件名称、数量：配备冷热水龙头1个；洗脸盆排水附件1套；洗脸盆托架1套；$DN15mm$角型阀2个；金属软管2根	组	5
18	031004014001	给、排水附（配）件	①材质：不锈钢 ②类型、规格：地面扫除口，$DN100mm$	个	5
19	031004014002	给、排水附（配）件	①材质：不锈钢 ②类型、规格：地漏，$DN50mm$	个	10

第二步：按照现行的《浙江省通用安装工程预算定额》（2018版）及工程量汇总计算表中给出的未计价材料除税价格，编制本工程的工程量清单综合单价分析表，企业管理费、利润按《浙江省建设工程计价规则》（2018版）中的一般计税法中值计取，风险费暂不计取。结果如表2-9所示。

表 2-9 综合单价计算表

单位（专业）工程名称：某住宅排水系统

清单序号	项目编码（定额编码）	清单（定额）项目名称	计量单位	数量	综合单价/元						合计/元
					人工费	材料（设备）费	机械费	管理费	利润	小计	
1	031001007001	复合管	m	13.85	17.60	44.80	0.70	3.97	1.90	68.97	955.23
	10-1-186	室内钢塑给水管（螺纹连接）公称直径（mm 以内）40	10m	1.385	176.04	447.95	6.98	39.74	19.03	689.74	955.29
2	031001007002	复合管	m	12.15	14.49	30.10	0.49	3.25	1.56	49.89	606.16
	10-1-184	室内钢塑给水管（螺纹连接）公称直径（mm 以内）25	10m	1.215	144.86	301.03	4.88	32.51	15.57	498.85	606.10
3	031001007003	复合管	m	14.40	12.04	16.10	0.17	2.65	1.27	32.23	464.11
	10-1-182	室内钢塑给水管（螺纹连接）公称直径（mm 以内）15	10m	1.44	120.42	161.01	1.69	26.52	12.70	322.34	464.17
4	031001006001	塑料管	m	5.94	18.44	40.32		4.01	1.92	64.69	384.26
	10-1-279	室内塑料排水管（粘接）公称直径（mm 以内）150	10m	0.594	184.41	403.24		40.05	19.18	646.88	384.25
5	031001006002	塑料管	m	37.75	12.18	26.10		2.65	1.27	42.20	1593.05
	10-1-278	室内塑料排水管（粘接）公称直径（mm 以内）100	10m	3.775	121.77	260.96		26.45	12.66	421.84	1592.45
6	031001006003	塑料管	m	9.00	8.24	8.15		1.79	0.86	19.04	171.36
	10-1-276	室内塑料排水管（粘接）公称直径（mm 以内）50	10m	0.9	82.35	81.53		17.89	8.56	190.33	171.30
7	031002003001	套管	个	1	33.25	37.42	10.15	9.42	4.51	94.75	94.75

续表

清单序号	项目编码（定额编码）	清单（定额）项目名称	计量单位	数量	综合单价/元						合计/元
					人工费	材料（设备）费	机械费	管理费	利润	小计	
	13-1-78*A0.3B0.3C0.3 换	刚性防水套管制作 公称直径（mm 以内）100 若"刚性防水套管"穿楼板且由施工单位自制	个	1	19.56	33.43	10.15	6.45	3.09	72.68	72.68
	13-1-96*10.3 换	刚性防水套管安装 公称直径（mm 以内）100 如设计要求穿楼板的管道要安装刚性防水套管	个	1	13.69	3.99		2.97	1.42	22.07	22.07
8	031002003002	套管	个	4	47.39	37.44	1.05	10.52	5.04	101.44	405.76
	13-1-110	一般穿墙钢套管制作安装 公称直径（mm 以内）150	个	4	47.39	37.44	1.05	10.52	5.04	101.44	405.76
9	031002003003	套管	个	3	24.57	19.73	1.05	5.56	2.66	53.57	160.71
	13-1-109	一般穿墙钢套管制作安装 公称直径（mm 以内）100	个	3	24.57	19.73	1.05	5.56	2.66	53.57	160.71
10	031002003004	套管	个	1	8.78	8.32	1.05	2.14	1.02	21.31	21.31
	13-1-108	一般穿墙钢套管制作安装 公称直径（mm 以内）50	个	1	8.78	8.32	1.05	2.14	1.02	21.31	21.31
11	031002003006	套管	个	1	81.14	76.33	1.05	17.85	8.55	184.92	184.92
	13-1-111	一般穿墙钢套管制作安装 公称直径（mm 以内）200	个	1	81.14	76.33	1.05	17.85	8.55	184.92	184.92
12	031002003007	套管	个	1	24.57	22.23	1.05	5.56	2.66	56.07	56.07
	13-1-109	一般穿墙钢套管制作安装 公称直径（mm 以内）100	个	1	24.57	22.23	1.05	5.56	2.66	56.07	56.07

续表

清单序号	项目编码（定额编码）	清单（定额）项目名称	计量单位	数量	综合单价/元 人工费	材料（设备）费	机械费	管理费	利润	小计	合计/元
13	031003001001	螺纹阀门	个	1	16.74	76.06	0.57	3.76	1.80	98.93	98.93
	10-2-5	螺纹阀门安装 公称直径（mm 以内）40	个	1	16.74	76.06	0.57	3.76	1.80	98.93	98.93
14	031003013001	水表	组	5	31.59	121.31	0.80	7.03	3.37	164.10	820.50
	10-2-221	螺纹水表组成安装 公称直径（mm 以内）25	组	5	31.59	121.31	0.80	7.03	3.37	164.10	820.50
15	031004010001	淋浴器	套	5	26.35	577.18		5.72	2.74	611.99	3059.95
	10-3-43	组成淋浴器（钢塑管）镀锌钢管丝接冷热水混合冷热水龙头	10套	0.5	263.52	5771.76		57.24	27.41	6119.93	3059.97
16	031004006001	大便器	组	5	40.26	1568.42		8.74	4.19	1621.61	8108.05
	10-3-35	坐式大便器安装 连体水箱	10套	0.5	402.57	15684.22		87.44	41.87	16216.10	8108.05
17	031004003001	洗脸盆	组	5	37.06	992.66		8.05	3.85	1041.62	5208.10
	10-3-13	洗脸盆 挂墙式冷热水	10组	0.5	370.58	9926.55		80.49	38.54	10416.16	5208.08
18	031004014001	铁、排水附（配）件	个	5	5.75	111.56		1.25	0.60	119.16	595.80
	10-3-85	地面扫除口安装 公称直径（mm 以内）100	10个	0.5	57.51	1115.55		12.49	5.98	1191.53	595.77
19	031004014002	铁、排水附（配）件	个	10	9.49	65.90		2.06	0.99	78.44	784.40
	10-3-79	地漏安装 公称直径（mm 以内）50	10个	1	94.91	659.00		20.61	9.87	784.39	784.39
合计											23773.42

思考与练习

1. 单项选择题

（1）某办公楼的室内给排水安装工程中，发生的总人工费为 20250 元，则其脚手架费用中的人工费合计为（　　）。

A. 202.50 元　　　　　　　　　　　　B. 253.13 元

C. 151.88 元　　　　　　　　　　　　D. 966.95 元

（2）室外给水 DN70mm 钢塑复合管螺纹连接，其安装工程应套的定额编号为（　　）。

A. 10-1-33　　　　　　　　　　　　B. 10-1-34

C. 10-1-188　　　　　　　　　　　　D. 10-1-189

（3）室内钢塑复合给水管，螺纹连接 DN50mm，采用弧形安装，其安装的人工费单价为（　　）元 /10m（不含主材费）。

A. 101.98　　　　　　　　　　　　B. 315.36

C. 251.94　　　　　　　　　　　　D. 390.21

（4）某高层住宅楼，在管道井中安装 DN50mm 的 PPR 塑料给水管电熔连接，其管道长度为 86m，则该管道安装的人工费合计数为（　　）元。

A. 460.96　　　　　　　　　　　　B. 553.15

C. 1091.34　　　　　　　　　　　　D. 1309.61

2. 多项选择题

（1）DN100mm 的室内给水钢塑复合管螺纹连接，进行清单项目特征描述的内容应包括（　　）。

A. 室内安装部位　　　　　　　　　　B. 管道规格 DN100mm

C. 钢塑复合管材质　　　　　　　　　D. 管道冲洗

E. 管道螺纹连接形式

（2）下列说法正确的有（　　）。

A. 液压脚踏卫生器具安装，按相应安装定额人工乘以系数 1.3，液压脚踏阀主材另计

B. 法兰阀门安装，如果仅有一侧法兰连接时，定额中的法兰、带帽螺栓及垫圈数量减半

C. 房屋顶面的雨水排水系统管道属于房屋排水系统的管道，所以塑料雨水排水管可以与室内塑料排水管合并在一起套定额

D. 冷水的台式洗脸盆安装执行冷热水台式洗脸盆安装相应定额，基价乘以系数 0.8，软管与角阀数量减半，其余未计价主材含量不变

E. 在卫生间、厨房暗敷的管道应进行人工费的补贴，在给水管道经过其他房间需进行暗埋敷设时，也应进行人工费的补贴

（3）DN100mm 的塑料雨水管道穿地下室外墙处，设计要求设置刚性防水套管，那么此刚性防水套管进行清单组价时应套下面（　　）定额子目价。

A. 13-1-47　　　　　　　　　　　　B. 13-1-96

C. 13-1-65　　　　　　　　　　　　D. 13-1-109

E. 13-1-78

（4）下列说法不正确的有（　　）。

思考与练习

A. 脚手架费需套定额计算
B. 钢骨架塑料复合管执行钢塑复合管相应定额子目
C. 安全文明施工费的计算基数与规费的计算基数相同
D. 分部分项工程量清单计价表中的人工费是单价费用
E. 一般钢管套管穿墙与穿楼板套价时主材消耗量相同

3. 定额换算

将正确答案填入表格中的空格处。本题中安装费的人材机单价均按《浙江省通用安装工程预算定额》（2018版）取定的基价考虑。本题管理费费率21.72%，利润费率10.4%，风险费不计，计算保留2位小数。

序号	定额编号	定额项目名称	计量单位	综合单价/元					
				人工费	材料费	机械费	管理费	利润	小计
1		高层住宅道井内安装DN80的沟槽阀门（主材：DN80沟槽阀门：280元/个；DN80沟槽夹箍38元/个）							
2		室内弧形安装的钢塑给水管（螺纹连接）DN50（主材：DN50钢塑给水管：42元/m）							
3		给水管道上安装的DN80焊接法兰闸阀仅一侧法兰安装（DN80焊接法兰闸阀：320元/个，DN80法兰：50元/片）							

4. 综合应用题

背景资料：图示为一住宅楼的给排水施工平面图与系统图，已知：

（1）给水管道采用钢塑管螺纹连接，设计要求管道施工完成以后进行水压试验，管道冲洗。

（2）排水管道采用UPVC塑料管胶粘接安装，设计要求管道施工完成以后进行灌水试验（也叫密闭试验或漏水试验），管道穿屋面板处设刚性防水套管。伸顶通气管高度2m。

（3）系统采用DN40mm和DN25mm的螺纹水表，Z15T-10K的螺纹闸阀。

（4）卫生器具采用陶瓷挂式洗脸盆配冷热水混合龙头，洗脸盆角阀安装高度距离楼层地面0.45m；陶瓷浴盆配冷热水混合龙头带淋浴喷头，浴盆水龙头安装高度距离楼层地面0.9m；陶瓷蹲式大便器自闭冲洗阀冲洗；地漏及地面扫除口材质为不锈钢，清扫口至右侧墙距离0.3m。

（5）墙体厚度为0.24m，给水管道中心距离墙面0.05m，排管道中心距离墙面0.1m。出户后第一个检查井距外墙的距离2m。

采用清单计价法编制管道安装工程造价（按市区一般工程计价，组织措施费只计取安全文明施工费、夜间施工增加费和二次搬运费，主材价格参考当地信息价）。

具体图纸请扫二维码。

综合应用题图纸

思考与练习

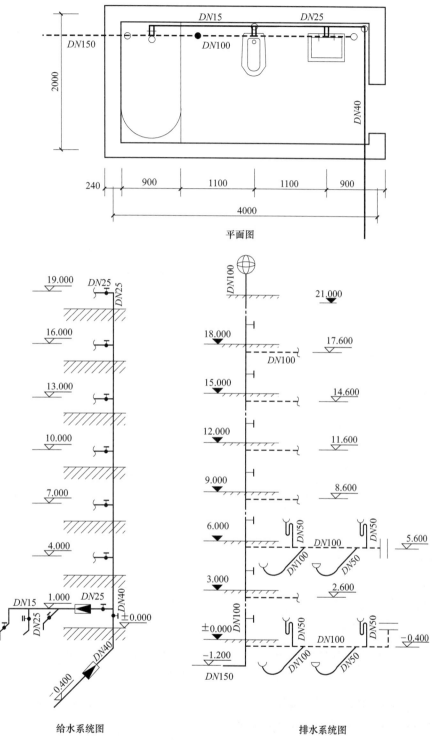

平面图

给水系统图　　排水系统图

要求：
（1）计算该工程的给排水系统工程量；
（2）用《建设工程工程量清单计价规范》（GB 50500—2013），编制分部分项工程量清单；
（3）采用清单计价法编制给排水安装工程造价。

项目 3

电气工程计量与计价

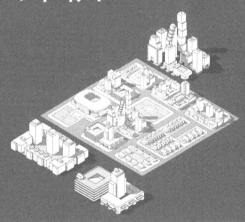

建议课时： 28课时（4+16+8）
教学目标
知识目标： （1）熟悉建筑电气工程图纸识读要点；
（2）掌握建筑电气系统工程量计算方法；
（3）掌握建筑电气系统工程量清单编制及综合单价计算方法。
能力目标： （1）能够准确计算建筑电气系统工程量；
（2）能够正确编制建筑电气系统工程量清单，并计算清单综合单价。
思政目标： （1）提升安全意识与环境保护意识；
（2）树立制度自信与提高社会责任感；
（3）培养基本从业素质。

引言

作为建筑工程的重要组成部分,建筑电气工程造价一直是施工企业关注的焦点。由于建筑电气工程比较复杂,涉及的因素较多,并且伴随着现代施工材料、机械、人工等综合成本的上涨,施工企业对建筑电气工程进行造价管理的重要性日益凸显。实际施工中,建筑电气工程造价超预算的现象屡见不鲜,这会导致建设方的投资预算超标,并且还会影响施工企业的竣工结算以及经济效益。因此,正确认识建筑电气工程造价超预算的原因,制订好相应的控制措施,才能避免类似事件的发生。

建筑电气工程造价超预算的原因主要有工程实际开工日期推迟,工程款支付不及时,施工工作面移交不及时以及其他客观原因和主观原因等。从根源出发,通过合同规避风险,做好施工阶段电气造价的动态管理工作,发挥建筑电气造价管理人员的主观能动性,建立全员、全过程的造价管理体系能够在一定程度上控制建筑电气工程造价。

综上所述,建筑电气工程造价是建筑工程项目造价管理的重要组成部分,对建筑电气工程造价进行有效控制,将有利于整个工程的造价控制,提高企业的经济效益及市场竞争力。

任务3.1 工程量计算清单规范与定额的学习

3.1.1 建筑电气系统工程量清单相关知识及应用

3.1.1.1 工程量清单项目设置的内容

根据《通用安装工程工程量计算规范》(GB 50856—2013)附录D,与电气系统相关的共有14个分部,详见表3-1。

电气工程清单规范

表3-1 电气设备安装工程工程量清单项目设置内容

项目编码	项目名称	分项工程项目
030401	变压器安装	本部分包括油浸电力变压器、干式变压器、整流变压器、自耦变压器、有载调压变压器、电炉变压器、消弧线圈共7个分项工程项目
030402	配电装置安装	本部分包括油断路器、真空断路器、SF_6断路器、空气断路器、真空接触器、隔离开关、负荷开关、互感器、高压熔断器、避雷器、干式电抗器、油浸电抗器、移相及串联电容器、集合式并联电容器、并联补偿电容器组架、交流滤波装置组架、高压成套配电柜、组合型成套箱式变电站共18个分项工程项目

续表

项目编码	项目名称	分项工程项目
030403	母线安装	本部分包括软母线、组合软母线、带型母线、槽形母线、共箱母线、低压封闭式插接母线槽、始端箱/分线箱、重型母线安装共8个分项工程项目
030404	控制设备及低压电器安装	本部分包括控制屏、继电/信号屏、模拟屏、低压开关柜(屏)、弱电控制返回屏、箱式配电室、硅整流柜、可控硅柜、低压电容器柜、自动调节励磁屏、励磁灭磁屏、蓄电池柜(屏)、直流馈电屏、事故照明切换屏、控制台、控制箱、配电箱、插座箱、控制开关、低压熔断器、限位开关、控制器、接触器、磁力启动器、Y-A自耦减压启动器、电磁铁(电磁制动器)、快速自动开关、电阻器、油浸频敏变阻器、分流器、小电器、端子箱、风扇、照明开关、插座、其他电器共36个分项工程项目
030405	蓄电池安装	本部分包括蓄电池、太阳能电池共2个分项工程项目
030406	电机检查接线及调试	本部分包括发电机、调相机、普通小型直流电动机、可控硅调速直流电动机、普通交流同步电动机、低压交流异步电动机、高压交流异步电动机、交流变频调速电动机、微型电机/电加热器、电动机组、备用励磁机组、励磁电阻器共12个分项工程项目
030407	滑触线装置安装	本部分包括滑触线装置安装1个分项工程项目
030408	电缆安装	本部分包括电力电缆、控制电缆、电缆保护管、电缆槽盒、铺砂/盖保护板(砖)、电力电缆接头、控制电缆头、防火堵洞、防火隔板、防火涂料、电缆分支箱共11个分项工程项目
030409	防雷及接地装置	本部分包括接地极、接地母线、避雷引下线、均压环、避雷网、避雷针、半导体少长针消雷装置、等电位端子箱、绝缘垫、浪涌保护器、降阻剂共11个分项工程项目
030410	10kV以下架空配电线路	本部分包括电杆组立、横担组装、导线架设、杆上设备安装共4个分项工程项目
030411	配管、配线	本部分包括配管、线槽、桥架、配线、接线箱、接线盒共6个分项工程项目
030412	照明器具安装	本部分包括普通灯具、工厂灯、高度标志(障碍)灯、装饰灯、荧光灯、医疗专用灯、一般路灯、中杆灯、高杆灯、桥栏杆灯、地道涵洞灯共11个分项工程项目
030413	附属工程	本部分包括铁构件、凿(压)槽、打洞(孔)、管道包封、人(手)孔砌筑、人(手)孔防水共6个分项工程项目
030414	电气调整试验	本部分包括电力变压器系统、送配电装置系统、特殊保护装置、自动投入装置、中央信号装置、事故照明切换装置、不间断电源、母线、避雷器、电容器、接地装置、电抗器/消弧线圈、电除尘器、硅整流设备/可控硅整流装置、电缆试验共15个分项工程项目

3.1.1.2 电气系统工程量清单规范的应用

① 空气断路器的储气罐及储气罐至断路器的管路应按《通用安装工程工程量计算规范》(GB 50856—2013)附录H工业管道工程相关项目编码列项。

② 干式电抗器项目适用于混凝土电抗器、铁芯干式电抗器、空心干式电抗器等。

③ 设备安装未包括地脚螺栓、浇筑(二次灌浆、抹面),如需安装应按《房屋建筑与装饰工程工程量计算规范》(GB 50854—2013)相关项目编码列项。

④ 本部分中的分项工程项目"控制开关"包括:自动空气开关、刀型开关、铁壳开关、胶盖刀闸开关、组合控制开关、万能转换开关、漏电保护开关、风机盘管三速开关等。

⑤ 本部分中的分项工程项目"小电器"是各种小型电器元(器)件的统称,包括:按钮、电笛、电铃、水位电器信号装置、测量表计、继电器、电磁锁、屏上辅助设备、辅助电压互感

器、小型安全变压器等。

⑥ 其他电器安装指本部分未列的电器项目。

⑦ 其他电器必须根据电器实际名称确定项目名称，明确描述工作内容、项目特征、计量单位、计算规则。

⑧ 当蓄电池的抽头连接采用电缆及保护管时，计价时应予考虑。

⑨ 各种蓄电池的安装、充放电、清单计量单位均是"个"，而免维护铅酸蓄电池的安装，定额计量单位是"组件"，各种蓄电池的充放电定额计量单位是"组"。计价时应注意换算。

⑩ 可控硅调速直流电动机类型指一般可控硅调速直流电动机、全数字式可控硅调速直流电动机。

⑪ 变流变频调速电动机类型指交流同步变频电动机、交流异步变频电动机。

⑫ 电动机按其质量划分为大、中、小型：3t以下为小型，3～30t为中型，30t以上为大型。

⑬ 支架基础铁件及螺栓是否浇筑需说明。

⑭ 电缆穿刺线夹按电缆头编码列项。

⑮ 电缆井、电缆排管、顶管，应按《市政工程工程量计算规范》（GB 50857—2013）相关项目编码列项。

⑯ 利用桩基础作接地极，应描述桩台下桩的数量，每根台下需焊接柱筋根数，其工程量按柱引下线计算；利用基础钢筋作接地极按均压环项目编码列项。

⑰ 利用柱筋作引下线的，需描述柱筋焊接数量。

⑱ 利用圈梁筋作均压环的，需描述圈梁筋焊接数量。

⑲ 使用电缆、电线作接地线，应按本部分"电缆安装""配管配线"相关项目编码列项。

⑳ 杆上设备调试，应按本部分"电气调整试验"相关项目编码列项。

㉑ 配管、线槽安装不扣除管路中间的接线箱（盒）、灯头盒、开关盒所占长度。

㉒ 配管名称指电线管、钢管、防爆管、塑料管、软管、波纹管等。

㉓ 配管配置形式指明配、暗配、吊顶内、钢结构支架、钢索配管、埋地敷设、水下敷设、砌筑沟内敷设等。

㉔ 配线名称指管内穿线、瓷夹板配线、塑料夹板配线、绝缘子配线、槽板配线、塑料护套配线、线槽配线、车间带型母线等。

㉕ 配线形式指照明线路，动力线路，木结构，顶棚内，砖、混凝土结构，沿支架、钢索、屋架、梁、柱、墙，以及跨屋架、梁、柱。

㉖ 配线保护管遇到下列情况之一时，应增设管路接线盒和拉线盒：管长度每超过30m，无弯曲；管长度每超过20m，有1个弯曲；管长度每超过15m，有2个弯曲；管长度每超过8m，有3个弯曲。垂直敷设的电线保护管遇到下列情况之一时，应增设固定导线用的拉线盒：管内导线截面为50mm^{2}及以下，长度每超过30m；管内导线截面为70～95mm^2，长度每超过20m；管内导线截面为120～240mm^2，长度每超过18m。在配管清单项目计量时，设计无要求，上述规定可以作为计量接线盒、拉线盒的依据。

㉗ 配管安装中不包括凿槽、刨沟，应按本部分"附属工程"相关项目编码列项。

3.1.1.3 电气系统工程清单计算规范相关问题及说明

① 电气设备安装工程适用于10kV以下变配电设备及线路的安装工程、车间动力电气设备及电气照明、防雷及接地装置安装、配管配线、电气调试等。

② 挖土、填土工程应按现行国家标准《房屋建筑与装饰工程工程量计算规范》(GB 50854—2013)相关项目编码列项。

③ 开挖路面,应按现行国家标准《市政工程工程量计算规范》(GB 50857—2013)相关项目编码列项。

④ 过梁、墙、楼板的钢(塑)套管,应按《通用安装工程工程量计算规范》附录K采暖、给排水、燃气工程相关项目编码列项。

⑤ 除锈、刷漆(补刷漆除外)、保护层安装,应按《通用安装工程工程量计算规范》附录M刷油、防腐蚀、绝热工程相关项目编码列项。

⑥ 由国家或地方检测验收部门进行的检测验收应按《通用安装工程工程量计算规范》附录N措施项目编码列项。

⑦《通用安装工程工程量计算规范》附录中的预留长度及附加长度,具体见表3-2~表3-9。

表 3-2 软母线安装预留长度   m/ 根

项目	耐张	跳线	引下线	设备连接线
预留长度	2.5	0.8	0.6	0.6

表 3-3 硬母线配置安装预留长度   m/ 根

序号	项目	预留长度	说明
1	带形、槽形母线终端	0.3	从最后一个支持点算起
2	带形、槽形母线与分支线连接	0.5	分支线预留
3	带形母线与设备连接	0.5	从设备端子接口算起
4	多片重型母线与设备连接	1.0	从设备端子接口算起
5	槽形母线与设备连接	0.5	从设备端子接口算起

表 3-4 盘、箱、柜的外部进出线预留长度   m/ 根

序号	项目	预留长度	说明
1	各种箱、柜、盘、板、盒	高+宽	盘面尺寸
2	单独安装的铁壳开关、自动开关、刀开关、启动器、箱式电阻器、变阻器	0.3	从安装对象中心算起
3	继电器、控制开关、信号灯、按钮、熔断器等小电器	0.3	从安装对象中心算起
4	分支接头	0.2	分支线预留

表 3-5 滑触线安装预留长度   m/ 根

序号	项目	预留长度	说明
1	圆钢、铜母线与设备连接	0.2	从设备接线端子接口算起
2	圆钢、铜滑触线终端	0.5	从最后一个固定点算起
3	角钢滑触线终端	1.0	从最后一个支持点算起
4	扁钢滑触线终端	1.3	从最后一个固定点算起

续表

序号	项目	预留长度	说明
5	扁钢母线分支	1.5	分支线预留
6	扁钢母线与设备连接	0.5	从设备接线端子接口算起
7	轻轨滑触线终端	0.8	从最后一个支持点算起
8	安全节能及其他滑触线终端	0.5	从最后一个固定点算起

表 3-6　电缆敷设预留及附加长度

序号	项目	预留（附加）长度	说明
1	电缆敷设弛度、波形弯度、交叉	2.5%	按电缆全长计算
2	电缆进入建筑物	2.0m	规范规定最小值
3	电缆进入沟内或吊架时引上（下）预留	1.5m	规范规定最小值
4	变电所进线、出线	1.5m	规范规定最小值
5	电力电缆终端头	1.5m	规范规定最小值
6	电缆中间接头	两端各留 2.0m	规范规定最小值
7	电缆进控制、保护屏及模拟盘、配电箱等	高+宽	按盘面尺寸
8	高压开关柜及低压配电盘、箱	2.0m	盘下进出线
9	电缆至电动机	0.5m	从电动机接线盒算起
10	厂用变压器	3.0m	从地坪算起
11	电缆绕过梁柱等增加长度	按实计算	按被绕物的断面情况计算增加长度
12	电梯电缆与电缆架固定点	每处 0.5m	规范规定最小值

表 3-7　接地母线、引下线、避雷网附加长度

项目	附加长度	说明
接地母线、引下线、避雷网附加长度	3.9%	按接地母线、引下线、避雷网全长计算

表 3-8　架空导线预留长度　　　　　　　　　　　　　　　　　　　　　　　m/根

项目		预留长度
高压	转角	2.5
	分支、终端	2.0
低压	分支、终端	0.5
	交叉跳线转角	1.5
与设备连线		0.5
进户线		2.5

表 3-9　配线进入箱、柜、板的预留长度　　　　　　　　　　　　　　　　　m

序号	项目	预留长度	说明
1	各种开关箱、柜、板	高+宽	盘面尺寸
2	单独安装（无箱、盘）的铁壳开关、启动器、线槽进出线盒等	0.3	从安装对象中心算起
3	由地面管子出口引至动力接线箱	1.0	从管口计算
4	电源与管内导线连接（管内穿线与软、硬母线接点）	1.5	从管口计算
5	出户线	1.5	从管口计算

3.1.2 电气系统工程预算定额相关知识与定额应用

3.1.2.1 定额相关知识

电气设备安装
工程定额

(1) 定额内容。建筑电气工程主要使用《浙江省通用安装工程预算定额》第四册《电气设备安装工程》。

(2) 适用范围。第四册《电气设备安装工程》(以下简称本册定额) 适用于新建、扩建、改建项目中 10kV 以下变配电设备及线路安装、车间动力电气设备及电气照明器具、防雷及接地装置安装、配管配线、电气调整试验等安装工程。本册定额不包括下列内容:

① 电压等级大于 10kV 的配电、输电、用电设备及装置安装;

② 电气设备及装置配合机械设备进行单体试运和联合试运工作内容。

(3) 界限划分。厂区、住宅小区的道路路灯安装工程、庭院艺术喷泉等电气设备安装工程执行《浙江省通用安装工程预算定额》(2018 版) 的相应项目;涉及市政道路、市政庭院等电气安装工程的项目,执行《浙江省市政工程预算定额》(2018 版) 的相应项目。

(4) 本册定额各项费用的规定

① 脚手架搭拆费。脚手架搭拆费是指施工需要的各种脚手架搭、拆、运输费用及脚手架的摊销(或租赁)费用。

电气工程的脚手架搭拆费可按第十三册《通用项目和措施项目工程》定额第二章措施项目工程相应定额子目 (13-2-4) 计算,以"工日"为计量单位。

② 建筑物超高增加费。建筑物超高增加费是指施工中施工高度超过 6 层或 20m 的人工降效,以及材料垂直运输增加的费用。

层数指设计的层数(含地下室、半地下室的层数)。阁楼层、面积小于标准层 30% 的顶层及层高在 2.2m 以下的地下室或技术设备层不计算层数。

高度指建筑物从地下室设计标高至建筑物檐口底的高度,不包括突出屋面的电梯机房、屋顶亭子间及屋顶水箱的高度等。

电气工程的建筑物超高增加费可按第十三册《通用项目和措施项目工程》定额第二章措施项目工程相应定额子目 (13-2-14 ~ 13-2-23) 计算,以"工日"为计量单位。

③ 操作高度增加费。电气系统操作高度增加指操作物高度距离楼地面 5m 以上的分部分项工程,按照其超过部分高度,选取第十三册《通用项目和措施项目工程》定额第二章措施项目工程相应定额子目 (13-2-78) 计算,以"工日"为计量单位。

3.1.2.2 建筑电气工程的定额应用

电气系统工程的定额指第四册《电气设备安装工程》,分 14 章内容,以下以常用的第八章电缆敷设工程、第九章防雷与接地装置安装工程、第十一章配管工程、第十二章配线工程和第十三章照明器具安装工程为例进行展开分析。

（1）本册定额第八章电缆敷设工程。本章内容包括直埋电缆辅助设施、电缆保护管铺设、电缆桥架、槽盒安装、电力电缆敷设、矿物绝缘电缆敷设、控制电缆敷设、加热电缆敷设、电缆防火设施安装等内容。

① 电缆材料介绍。在配电系统中，最常见的电缆有电力电缆和控制电缆。输配电能的电缆，称为电力电缆。控制电缆是用在保护、操作等回路中来传导电流的。电缆既可用于室外配电线路，也可用于室内电缆布线。

a. 电缆的基本结构。电缆的基本结构一般是由导电线芯、绝缘层和保护层三个主要部分组成。

我国制造的电缆线芯的标称截面（mm^2）有：1，1.5，2.5，4，6，10，16，25，35，70，95，120，150，185，240，300，400，500，625，800。电缆按其芯数有单芯、双芯、三芯、四芯、五芯之分。其线芯的形状有圆形、半圆形、扇形和椭圆形等。当线芯截面为 $16mm^2$ 及以上时，通常是采用多股导线绞合并经过压紧而成，这样可以增加电缆的柔软性和结构稳定性。敷设时可在一定程度内弯曲而不受损伤。

电缆的绝缘层通常采用纸、橡胶、聚氯乙烯、聚乙烯、交联聚乙烯等。

电力电缆的保护层较为复杂，分内保护层和外保护层两部分。内保护层用来保护电缆绝缘不受潮湿、防止电缆浸渍质的外流及轻度机械损伤。所用材料有铅套、铝套、橡皮套、聚氯乙烯护套和聚乙烯护套等。外保护层是用来保护内保护层的，包括铠装层和外被层。

b. 电缆的型号及名称。我国电缆产品的型号系采用汉语拼音字母组成，有外保护层时则在字母后加上两个阿拉伯数字。常用电缆型号中字母的含义及排列顺序如表 3-10 所列。

表 3-10 常用电缆型号中字母的含义及排列次序

类别	绝缘种类	线芯材料	内保护层	其他特征	外保护层
电力电缆不表示	Z—纸绝缘	T—铜（省略）	Q—铅护层	D—不滴流	2 个数字（含义见表 3-11）
K—控制电缆	X—橡皮		L—铝护层	F—分相铅包	
Y—移动式软电缆	V—聚氯乙烯	L—铝	H—橡套	P—屏蔽	
P—信号电缆	Y—聚乙烯		（H）F—非燃性橡套	C—重型	
H—市内电话电缆	YJ—交联聚乙烯		V—聚氯乙烯护套		

表示电缆外保护层的两个数字，前一个数字表示铠装结构，后一个数字表示外被层结构。数字代号的含义见表 3-11。

表 3-11 电缆外保护层代号的含义

第一个数字		第二个数字	
代号	铠装层类型	代号	外被层类型
0	无	0	无
1	—	1	纤维绕包
2	双钢带	2	聚氯乙烯护套
3	细圆钢丝	3	聚乙烯护套
4	粗圆钢丝	4	—

c. 电力电缆的种类。电力电缆按绝缘类型和结构可分为以下几类。

i. 油浸纸绝缘电力电缆。

ii. 塑料绝缘电力电缆，包括聚氯乙烯绝缘电力电缆、聚乙烯绝缘电力电缆、交联聚乙烯绝缘电力电缆。

ⅲ. 橡皮绝缘电力电缆，包括天然丁苯橡皮绝缘电力电缆、乙基绝缘电力电缆、丁基绝缘电力电缆等。

当前在建筑电气工程中使用最广泛的是塑料绝缘电力电缆。用于塑料绝缘电力电缆中的塑料材料，主要有聚氯乙烯塑料和交联聚乙烯塑料，以及它们的派生产品：阻燃型聚氯乙烯塑料和阻燃型交联聚乙烯塑料。

常用聚氯乙烯绝缘电缆和交联聚乙烯绝缘电缆的型号及用途见表3-12和表3-13。

表3-12 聚氯乙烯绝缘电缆型号

型号		名称
铜芯	铝芯	
VV	VLV	聚氯乙烯绝缘聚氯乙烯护套电力电缆
VY	VLY	聚氯乙烯绝缘聚乙烯护套电力电缆
VV22	VLV22	聚氯乙烯绝缘钢带聚氯乙烯护套电力电缆
VV23	VLV23	聚氯乙烯绝缘钢带铠装聚乙烯护套电力电缆
VV32	VLV32	聚氯乙烯绝缘细钢丝铠装聚氯乙烯护套电力电缆
VV33	VLV33	聚氯乙烯绝缘细钢丝铠装聚乙烯护套电力电缆
VV42	VLV42	聚氯乙烯绝缘粗钢丝铠装聚氯乙烯护套电力电缆
VV43	VLV43	聚氯乙烯绝缘粗钢丝铠装聚乙烯护套电力电缆

表3-13 交联聚乙烯绝缘电缆型号

型号		名称	主要用途
铜芯	铝芯		
YJV	YJLV	交联聚乙烯绝缘聚氯乙烯护套电力电缆	敷设于室内、隧道、电缆沟及管道中，也可埋在松散的土壤中，电缆不能承受机械外力作用，但可承受一定敷设牵引
YJY	YJLY	交联聚乙烯绝缘聚乙烯护套电力电缆	
YJV22	YJLV22	交联聚乙烯绝缘钢带铠装聚氯乙烯护套电力电缆	适用于室内、隧道、电缆沟及地下直埋敷设，电缆能承受机械外力作用，但不能承受大的拉力
YJV23	YJLV23	交联聚乙烯绝缘钢带铠装聚乙烯护套电力电缆	
YJV32	YJLV32	交联聚乙烯绝缘细钢丝铠装聚氯乙烯护套电力电缆	敷设在竖井、水下及具有落差条件下的土壤中，电缆能承受机械外力作用的相当的拉力
YJV33	YJLV33	交联聚乙烯绝缘细钢丝铠装聚乙烯护套电力电缆	
YJV42	YJLV42	交联聚乙烯绝缘粗钢丝铠装聚氯乙烯护套电力电缆	适于水中、海底电缆能承受较大的正压力和拉力的作用
YJV43	YJLV43	交联聚乙烯绝缘粗钢丝铠装聚乙烯护套电力电缆	

图3-1为聚氯乙烯绝缘电缆的结构。

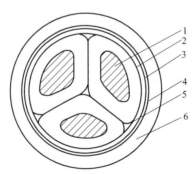

电缆图片

图3-1 聚氯乙烯绝缘电缆的结构

1—导线；2—聚氯乙烯绝缘；3—聚氯乙烯护套；4—铠装层；5—填料；6—聚氯乙烯外护套

② 有关说明

a. 直埋电缆辅助设施定额包括铺砂与保护、揭或盖或移动盖板等内容。

i. 定额不包括电缆沟与电缆井的砌砖或浇筑混凝土、隔热层与保护层制作安装，工程实际发生时，执行相应定额。

ii. 开挖路面、修复路面、沟槽挖填等执行第十三册《通用项目和措施项目工程》相关定额。

b. 电缆保护管敷设定额分为地下敷设、地上敷设两个部分。

i. 地下敷设不分人工或机械敷设，敷设深度均执行第十三册的相应定额，不做调整。

ii. 地下敷设电缆（线）保护管公称直径小于或等于25mm时，参照DN50mm的相应定额，基价乘以系数0.7。

iii. 地上敷设保护管定额不分角度与方向，综合考虑了不同壁厚与长度，执行定额时不做调整。

iv. 多孔梅花管安装以梅花管外径参照相应的塑料管定额，基价乘以系数1.2。

v. 入室后需要敷设电缆保护管时，执行本册定额第十一章配管工程的相应定额。

c. 本章桥架安装定额适用于输电、配电及用电工程电力电缆与控制电缆的桥架安装。通信、热工及仪器仪表、建筑智能等弱电工程控制电缆桥架安装，根据其定额说明执行相应桥架安装定额。

d. 桥架安装定额包括组对、焊接、桥架开孔、隔板与盖板安装、接地、附件安装、修理等。定额不包括桥架支撑架安装。定额综合考虑了螺栓、焊接和膨胀螺栓三种固定方式，实际安装与定额不同时不做调整。

i. 梯式桥架安装定额是按照不带盖考虑的，若梯式桥架带盖，则执行相应的槽式桥架定额。

ii. 钢制桥架主结构设计厚度>3mm时，执行相应安装定额的人工、机械乘以系数1.20。

iii. 不锈钢桥架安装执行相应的钢制桥架定额乘以系数1.10。

iv. 电缆桥架安装定额是按照厂家供应成品安装编制的，若现场需要制作桥架时，应执行第十三册的相应定额。

e. 防火桥架执行钢制槽式桥架相应定额，耐火桥架执行钢制槽式桥架相应定额人工和机械乘以系数2.0。

f. 电缆桥架支撑架安装定额适用于随桥架成套供货的成品支撑架安装。

g. 本章的电缆敷设定额适用于10kV以下的电力电缆和控制电缆敷设。定额系按平原地区和厂内电缆工程的施工条件编制的，未考虑在积水区、水底、井下等特殊条件下的电缆敷设。

h. 电缆在一般山地地区敷设时，其定额人工和机械乘以系数1.6，在丘陵地区敷设时，其定额人工和机械乘以系数1.15。该地段所需的施工材料如固定桩、夹具等按实另计。

i. 本章的电缆敷设定额综合了除排管内敷设以外的各种不同敷设方式，包括土沟内、穿管、支架、沿墙卡设、钢索、沿支架卡设等方式，定额将各种方式按一定的比例进行了综合，因此，在实际工作中不论采取上述何种方式（排管内敷设除外），一律不做换算和调整。

j. 本章的电力电缆敷设及电力电缆头制作安装定额均是按三芯及三芯以上电缆考虑的，单芯、双芯电力电缆敷设及电缆头制安系数调整见表3-14。截面400～800mm^{2}的单芯电力电缆敷设按400mm^{2}电力电缆定额执行。截面800～1000mm^{2}的单芯电力电缆敷设按400mm^{2}电力电缆定额乘以系数1.25执行；400mm^{2}以上单芯电缆头制安，可按同材质240mm^{2}电力电缆头制安定额执行。240mm² 以上的电缆头的接线端子为异型端子，需要单独加工，可按实际加工价格计补差价（或调整定额价格）。

表 3-14 单芯、双芯电力电缆敷设及电缆头制安系数调整

名称		35mm² 及以上			25mm² 及以下		10mm² 及以下	
		三芯及以上	双芯	单芯	三芯及以上	双芯、单芯	三芯及以上	双芯、单芯
电缆头制作安装	铜芯	1.0	0.4	0.3	0.4	0.2	0.3	0.15
	铝芯以铜芯为基数	0.8	0.32	0.24	0.32	0.16	0.24	0.12
电缆敷设	铜芯	1.0	0.5	0.3	0.5	0.3	0.4	0.25
	铝芯	1.0	0.5	0.3	0.5	0.3	0.4	0.25

k. 除矿物绝缘电力电缆和矿物绝缘控制电缆外，电缆在竖井内桥架中竖直敷设，按不同材质及规格套用相应电缆敷设定额，基价乘以系数 1.2，在竖井内采用支架固定直接敷设，按不同材质及规格套用相应电缆敷设定额，基价乘以系数 1.6。竖井内敷设是指单段高度大于 3.6m 的竖井，单段高度小于或等于 3.6m 的竖井内敷设时，定额不做调整。

l. 预制分支电缆敷设分别以主干和分支电缆的截面执行"电缆敷设"相应定额，分支器按主电缆截面套用干包式电缆头制作、安装定额，定额内除其他材料费保留外，其余计价材料全部扣除，分支器主材另计。

m. 阻燃槽盒安装定额按照单件槽盒 2.05m 长度考虑，定额中包括槽盒、接头部件的安装，包括接头防火处理。执行定额时不得因阻燃槽盒的材质、壁厚、单件长度而调整。

n. 电缆桥架、线槽穿越楼板、墙做防火封堵时堵洞面积在 0.25m² 以内的套用防火封堵（盘柜下）定额，主材按实计算。

o. 电缆敷设定额中不包括支架的制作与安装，工程应用时，执行第十三册的相应项目和相应定额。

p. 铝合金电缆敷设根据规格执行相应的铝芯电缆敷设定额。

q. 排管内铝芯电缆敷设参照排管内铜芯电缆相应定额，人工乘以系数 0.7。

r. 电缆沟盖板采用金属盖板时，其金属盖板制作执行第十三册《通用项目和措施项目工程》"一般铁构件制作"的相应定额，基价乘以系数 0.6，安装执行本章揭盖盖板的相应定额。

s. 电缆桥架揭盖盖板根据桥架宽度执行电缆沟揭、盖移动盖板相应定额，人工乘以系数 0.3。

t. 本章矿物绝缘电缆敷设定额适用于铜或铜合金护套、波纹铜护套的矿物绝缘电缆；截面 70mm² 以下（三芯及三芯以上）的铜或铜合金护套或波纹铜护套的矿物绝缘电缆敷设，执行 35mm² 以下（三芯及三芯以上）矿物质绝缘电缆敷设定额，基价乘以系数 1.2，其电缆头制作安装执行 35mm² 以下的相应定额。

其他护套的矿物绝缘电缆执行铜芯电力电缆敷设的相应定额，人工乘以系数 1.1，其电缆头制作安装执行铜芯电力电缆头制作安装的相应定额。

③ 工程量计算规则

a. 电缆沟揭、盖、移动盖板根据施工组织设计，以揭一次或盖一次为计算基础，按照实际揭或盖次数乘以其长度，以"m"为计量单位，如又揭又盖则按两次计算。

b. 电缆保护管铺设根据电缆敷设路径，应区别不同敷设方式、敷设位置、管材材质、规格，

按照设计图示敷设数量以"m"为计量单位。计算电缆保护管长度时，设计无规定者按照以下规定增加保护管长度。

i. 横穿马路时，按照路基宽度两端各增加 2m。

ii. 保护管需要出地面时，弯头管口距地面增加 2m。

iii. 穿过建（构）筑物外墙时，从基础外缘起增加 1m。

iv. 穿过沟（隧）道时，从沟（隧）道壁外缘起增加 1m。

c. 电缆保护管地下敷设，其土石方量施工有设计图纸的，按照设计图纸计算；无设计图纸的，沟深按照 0.9m 计算，沟宽按照保护管边缘每边各增加 0.3m 工作面计算。未能达到上述标准时，则按实际开挖尺寸计算。

d. 电缆桥架安装根据桥架材质与规格，按照设计图示安装数量以"m"为计量单位。

e. 组合式桥架安装按照设计图示安装数量以"片"为计量单位。

f. 电缆敷设根据电缆材质与规格，按照设计图示单根敷设数量以"m"为计量单位。不计算电缆敷设损耗量。

i. 竖井通道内敷设电缆长度按照穿过竖井通道的长度计算工程量。

ii. 计算电缆敷设长度时，应考虑因波形敷设、弛度、电缆绕梁（柱）所增加的长度以及电缆与设备连接、电缆接头等必要的预留长度。预留长度按照设计规定计算，设计无规定时按照表 3-15 的规定计算。

表 3-15 电缆敷设附加长度计算

序号	项目	预留长度（附加）	说明
1	电缆敷设弛度、波形弯度、交叉	2.5%	按电缆图示长度计算（不含预留长度）
2	电缆进入建筑物	2.0m	规范规定最小值
3	电缆进入沟内或吊架时引上（下）预留	1.5m	规范规定最小值
4	变电所进线、出线	1.5m	规范规定最小值
5	电力电缆终端头	1.5m	检修余量最小值
6	电缆中间接头盒	两端各留 2.0m	检修余量最小值
7	电缆进控制、保护屏及模拟盘、配电箱等	高+宽	按盘面尺寸
8	高、低压配电柜	2.0m	盘下进出线
9	电缆至电动机	0.5m	从电机接线盒算起
10	厂用变压器	3.0m	从地坪起算
11	电缆绕过梁柱等增加长度	按实际计算	按被绕物的断面情况计算增加长度
12	电梯电缆与电缆架固定点	每处 0.5m	范围最小值

注：电缆附加及预留的长度只有在实际发生，并已按预留量敷设的情况下才能计入电缆长度工程量之内。

g. 电缆头制作安装根据电压等级与电缆头形式及电缆截面，按照设计图示单根电缆接头数量以"个"为计量单位。

i. 电力电缆和控制电缆均按照一根电缆有两个终端头计算。

ii. 电力电缆中间头按照设计规定计算；设计没有规定的按实际情况计算。

iii. 当电缆头制安使用成套供应的电缆头套件时，定额内除其他材料费保留外，其余计价材料应全部扣除，电缆头套件按主材费计价。

h. 电缆防火设施安装根据防火设施的类型及材料,按照设计用量分别以不同计量单位计算工程量。

(2)本册定额第九章防雷与接地装置安装工程。第九章内容包括避雷针制作与安装、避雷引下线敷设、避雷网安装、接地极(板)制作与安装、接地母线敷设、接地跨接线安装、桩承台接地、设备防雷装置安装、埋设降阻剂等内容。

① 材料介绍。在防雷接地系统中常用的型钢有圆钢和扁钢。

a. 圆钢。

安装工程中,通常采用普通碳素钢的热轧直条圆钢。加工制作U形螺栓、抱箍、钢索、吊车滑触线、接地线等。

b. 扁钢。

规格以宽度×厚度表示。例如—30×3,表示扁钢宽30mm,厚3mm。安装工程中,扁钢常用在防雷接地系统中作人工接地母线材料用。

② 有关说明

a. 第九章定额适用于建筑物与构筑物的防雷接地、变配电系统接地、设备接地以及避雷针(塔)接地等装置安装。

b. 接地极安装与接地母线敷设定额不包括采用爆破法施工、接地电阻率高的土质换土、接地电阻测定工作。

c. 避雷针安装定额综合考虑了高空作业因素,执行定额时不做调整。避雷针安装在木杆和水泥杆上时,包括其避雷引下线安装。

防雷接地工程图片

d. 独立避雷针安装包括避雷针塔架、避雷引下线安装,不包括基础浇筑。塔架制作执行第十三册《通用项目和措施项目工程》相应定额。

e. 利用建筑结构钢筋作为接地引下线安装定额是按照每根柱子内焊接两根主筋编制的,当焊接主筋超过两根时,可按照比例调整定额安装费。防雷均压环是利用建筑物梁内主筋作为防雷接地连接线考虑的,每根梁内按焊接两根主筋编制,当焊接主筋数超过两根时,可按比例调整定额安装费。如果采用单独扁钢或圆钢明敷设作为均压环时,可执行户内接地母线敷设相应定额。

f. 利用建筑结构钢筋作为接地引下线且主筋采用钢套筒连接的,执行本章"利用建筑结构钢筋引下"定额,基价乘以系数2.0,其跨接不再另外计算工程量。

g. 利用铜绞线作为接地引下线时,其配管、穿铜绞线执行本册配管、配线的相应定额,但不得再重复套用避雷引下线敷设的相应定额。

h. 避雷网安装沿折板支架敷设定额包括了支架制作安装,不得另行计算。

i. 利用基础(或地梁)内两根主筋焊接连通作为接地母线时,执行"均压环敷设"定额,卫生间接地中的底板钢筋网焊接无论跨接或电焊,均套用本章"均压环敷设"定额,基价乘以系数1.2,工程量按卫生间周长计算敷设长度。

j. 接地母线埋地敷设定额是按照室外整平标高和一般土质综合编制的,包括地沟挖填土和夯实,执行定额时不再计算土方工程量。当地沟开挖的土方量,每米沟长土方量大于$0.34m^3$时其超过部分可以另计,超量部分的挖填土可以参照第十三册《通用项目和措施项目工程》的相应定额。如遇有石方、矿渣、积水、障碍物等情况时应另行计算。

k. 利用建（构）筑物梁、柱、桩承台等接地时，柱内主筋与梁跨接、柱内主筋与桩承台跨接不另行计算，其工作量已经综合在相应的项目中。

l. 坡屋面避雷网安装人工乘以系数1.3。

m. 避雷针为成品供应时，其定额基价乘以系数0.4。

n. 等电位箱箱体安装，箱体半周长在200mm以内参照接线盒定额，其他按箱体大小参照相应接线箱定额。

o. 镀锌管避雷带区分明敷、暗敷，按公称直径套用本册定额第十一章配管工程中钢管敷设的相应定额。

③ 工程量计算规则

a. 避雷针制作根据材质及针长，按照设计图示安装成品数量以"根"为计量单位。

b. 避雷针、避雷小短针安装根据安装地点及针长，按照设计图示安装成品数量以"根"为计量单位。

c. 独立避雷针安装根据安装高度，按照设计图示安装成品数量以"基"为计量单位。

d. 避雷引下线敷设根据引下线采取的方式，按照设计图示敷设数量以"m"为计量单位。

e. 断接卡子制作安装按照设计规定装设的断接卡子数量以"套"为计量单位。检查井内接地的断接卡子安装按照每井一套计算。

f. 均压环敷设长度按照设计需要作为均压接地梁的中心线长度以"m"为计量单位。

g. 接地极制作安装根据材质与土质，按照设计图示安装数量以"根"为计量单位。接地极长度按照设计长度计算，设计无规定时，每根按照2.5m计算。

h. 避雷网、接地母线敷设按照设计图示敷设数量以"m"为计量单位。计算长度时，按照设计图示水平和垂直规定长度3.9%计算附加长度（包括转弯、上下波动、避绕障碍物、搭接头等长度），当设计有规定时，按照设计规定计算。

i. 接地跨接线安装根据跨接线位置，结合规程规定，按照设计图示跨接数量以"处"为计量单位。户外配电装置构架按照设计要求需要接地时，每组构架计算一处；钢窗、铝合金窗按照设计要求需要接地时，每一樘金属窗计算一处。

j. 桩承台接地根据桩连接根数，按照设计图示数量以"基"为计量单位。

k. 电子设备防雷接地装置安装根据需要避雷的设备，按照个数计算工程量。

（3）本册定额第十一章配管工程。第十一章内容包括套接紧定式镀锌钢导管（JDG）敷设、镀锌钢管敷设、焊接钢管敷设、防爆钢管敷设、可挠金属套管敷设、塑料管敷设、金属软管敷设、金属线槽敷设、塑料线槽敷设、接线箱、接线盒安装、沟槽恢复等内容。

① 材料介绍。配线用管材如下。

a. 金属管。配线工程中常用的钢管有厚壁钢管、薄壁钢管、金属波纹管和普利卡金属管（PULLKA）四类。

i. 厚壁钢管。厚壁钢管又称焊接钢管或低历流体输送钢管（水煤气管），有镀锌和不镀锌之分。厚壁钢管用作电线电缆的保护管，可以暗配于一些潮湿场所或直埋于地下，也可以沿建筑物、墙壁或支吊架敷设。

ii. 薄壁钢管。薄壁钢管又称电线管，多用于敷设在干燥场所的电线、电缆的保护管，可明敷或暗敷。

钢管配管工程应选用镀锌金属盒，即灯位盒、开关（插座）盒等，其厚度不应小于 1.2mm。各种暗装金属制品盒如图 3-2 所示。

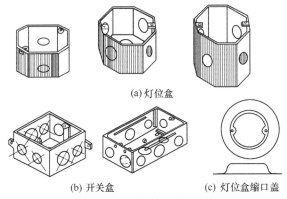

(a) 灯位盒　(b) 开关盒　(c) 灯位盒缩口盖

图 3-2　暗装金属制品盒

iii. 金属波纹管。金属波纹管也叫金属软管或蛇皮管，主要用于设备上的配线，如车床、铣床等。它是用 0.5mm 以上的双面镀锌薄钢带加工压边卷制而成，轧缝处有的加石棉垫，有的不加，其规格尺寸与电线管相同。

iv. 套接扣压式（KBG）与套接紧定式（JDG）电线导管。这是最近几年新出现的一种镀锌电线钢导管，施工时只需将直管对接头连接管与管，螺纹盒接头连接管与接线盒，定位后用专用工具紧定即可。管路转弯处用弯管器现场弯曲相应的弧度即可。具有结构简单、附件少、单位长度重量轻、价格便宜、施工方便等特点。可用于各种场合的明、暗敷设，以及现浇混凝土内暗敷设使用。

b. 塑料管。建筑电气工程中常用的塑料管有硬质塑料管（PVC 管）、半硬质塑料管和软塑料管。

i. PVC 管。PVC 管适用于民用建筑或室内有酸、碱腐蚀性介质的场所。由于塑料管在高温下机械强度下降，老化加速，且蠕变量大，所以环境温度在 40℃以上的高温场所不应使用。在经常发生机械冲击、碰撞、摩擦等易受机械损伤的场所也不应使用。

常用 PVC 管的规格见表 3-16。

表 3-16　常用 PVC 塑料管的规格　　　　　　　　　　　　　　　　　　mm

外径	壁厚	外径	壁厚
16	2.00+0.4	50	3.00+0.6
20	2.00+0.4	63	3.60+0.7
25	2.00+0.4	75	3.60+0.7
32	2.40+0.5		
40	3.00+0.6		
45	3.00+0.6		

PVC 管具有耐热、耐燃、耐冲击等特点并有产品合格证，内外径应符合国家统一标准。外观检查管壁壁厚应均匀一致，无凸棱、凹陷、气泡等缺陷。在电气线路中使用的 PVC 管必须有良好的阻燃性能。

ii. 半硬塑料管。半硬塑料管多用于一般居住和办公建筑等干燥场所的电气照明工程中，暗敷布线。

半硬塑料管可分为难燃平滑塑料管和难燃聚氯乙烯波纹管（简称塑料波纹管）两种，如图3-3所示。

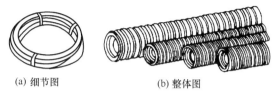

(a) 细节图　　　(b) 整体图

图 3-3　半硬塑料管

② 有关说明

a. 配管定额不包括支架的制作与安装。支架的制作与安装执行第十三册相关定额。

b. 镀锌电线管安装执行镀锌钢管安装定额。

c. 扣压式薄壁钢导管（KBG）执行套接紧定式镀锌钢导管（JDG）定额。

d. 可挠金属套管定额是指普利卡金属管，主要应用于砖、混凝土结构暗配及吊顶内的敷设，可挠金属套管规格见表3-17。

电气配管图片

表 3-17　可挠金属套管规格　　　　　　　　　　　mm

规格	10#	12#	15#	17#	24#	30#	38#	50#	63#	76#	83#	101#
内径	9.2	11.4	14.1	16.6	23.8	29.3	37.1	49.1	62.6	76.0	81.0	100.2
外径	13.3	16.1	19.0	21.5	28.8	34.9	42.9	54.9	69.1	82.9	88.1	107.3

e. 金属软管敷设定额适用于顶板内接线盒至吊顶上安装的灯具等之间的保护管，电机与配管之间的金属软管已经包含在电机检查接线定额内。

【例3-1】点光源艺术装饰灯具嵌入式安装，顶板内由接线盒到灯具的金属软管应执行（　　）定额。

A. 可挠金属套管吊顶内敷设　B. 可挠金属套管砖混结构暗敷

C. 金属软管敷设　　　　　　D. 已包含在灯具安装定额中

【答案】C

【解析】《浙江省通用安装工程预算定额》（2018版）第四册P233，金属软管敷设定额适用于顶板内接线盒至吊顶上安装的灯具等之间的保护管，电机与配管之间的金属软管已经包含在电机检查接线定额内。

定额第四册P329，2018版定额中嵌入式筒灯删除了金属软管，发生时执行金属软管敷设定额。

f. 凡在吊平顶安装前采用支架、管卡、螺栓固定管子方式的配管，执行"砖、混凝土结构明配"相应定额；其他方式（如在上层楼板内预埋，吊平顶内用铁丝绑扎，电焊固定管子等）的配管，执行"砖、混凝土结构暗配"相应定额。

g. 沟槽恢复定额仅适用于二次精装修工程。

h. 配管刷油漆、防火漆或涂防火涂料、管外壁防腐保护执行《浙江省通用安装工程预算定额》(2018版)第十二册《刷油、防腐蚀、绝热工程》相应定额。

③ 工程量计算规则

a. 配管敷设根据配管材质与直径,区别敷设位置、敷设方式,按照设计图示安装数量以"m"为计量单位。计算长度时,不扣除管路中间的接线箱、接线盒、灯头盒、开关盒、插座盒、管件等所占长度。

b. 金属软管敷设根据金属管直径及每根长度,按照设计图示安装数量以"m"为计量单位。

c. 线槽敷设根据线槽材质与规格,按照设计图示安装数量以"m"为计量单位。计算长度时,不扣除管路中间的接线箱、接线盒、灯头盒、开关盒、插座盒、管件等所占长度。图3-4为线管垂直长度计算示意。

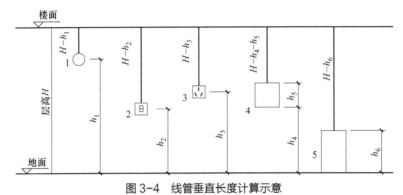

图3-4 线管垂直长度计算示意

1—拉线开关;2—板式开关;3—插座;4—墙上配电箱;5—落地配电箱

(4)第四册第十二章配线工程。第十二章内容包括管内穿线、绝缘子配线、线槽配线、塑料护套线明敷设、车间配线、盘、柜、箱、板配线内容。

① 材料介绍。绝缘电线主要有塑料绝缘电线和橡皮绝缘电线两大类,其型号和特征见表3-18。

配线图片

表3-18 绝缘电线的型号和特点

名称	类型	型号		主要特点
		铝芯	铜芯	
塑料绝缘电线	聚氯乙烯绝缘线	普通类	BLV、BLVV(圆型)、BLVVB(平型)	BV、BVV(圆型)、BVVB(平型)	这类电线的绝缘性能很好,制造工艺简便,价格较低。缺点是对气候适应性能差,低温时变硬发脆,高温或日光照射下增塑剂容易挥发而使绝缘体老化加快。因此,在未具备有效隔热措施的高温环境,日光经常照射或严寒地方,宜选择相应的特殊型塑料电线
		绝缘软线		RVR、RV、RVB(平型)、RVS(绞型)	
		阻燃型		ZR-RV、ZR-RVB(平型)、ZR-RVS(绞型)、ZR-RVV	
		耐热性	BLV105	BV105、RV-105	
	丁腈聚氯乙烯复合绝缘软线	双绞复合物软线		RFS	它是塑料绝缘线的新品种,这种电线具有良好的绝缘性能,并具有耐寒、耐油、耐腐蚀、不延燃、不易热老化等性能,在低温下仍然柔软,使用寿命长,远比其他型号的绝缘软线性能优良。适用于交流额定电压250V及以下或直流电压500V及以下的各种移动电器、无线电设备和照明灯座的连线
		平型复合物软线		RFB	

续表

名称	类型	型号		主要特点
		铝芯	铜芯	
橡皮绝缘电线	棉纱编织橡皮绝缘线	BLX	BX	这类电线弯曲性能较好，对气候适应较广，玻璃丝编织线可用于室外架空线或进户线。但由于这两种电线生产工艺复杂，成本较高，已被塑料绝缘线所取代
	玻璃丝编制橡皮绝缘线	BBLX	BBX	
	氯丁橡皮绝缘线	BLXF	BXF	这种电线绝缘性能良好，且耐油、不易霉、不延燃、适应气候性能好、光老化过程缓慢，老化时间约为普通橡皮绝缘电线的两倍，因此适宜在室外敷设。由于绝缘层机械强度比普通橡皮线弱，因此不推荐用于穿管敷设

② 有关说明

a. 管内穿线定额包括扫管、穿引线、穿线、焊接包头；绝缘子配线定额包括埋螺钉、钉木楞、埋穿墙管、安装绝缘子、配线、焊接包头；线槽配线定额包括清扫线槽、布线、焊接包头；塑料护套线明敷设定额包括埋穿墙管、上卡子、配线、焊接包头等内容。

b. 照明线路中导线截面面积大于 $6mm^2$ 时，执行"穿动力线"相应的定额。

c. 车间配线定额包括支架安装、绝缘子安装、母线平直与连接及架设、刷分相漆。定额不包括母线伸缩器制作与安装。

d. 多芯软导线线槽配线按芯数不同套用本章"管内穿多芯软导线"相应定额乘以系数 1.2。

③ 工程量计算规则

a. 管内穿线根据导线材质与截面面积，区别照明线与动力线，按照设计图示安装数量以 "m" 为计量单位；管内穿多芯软导线根据软导线芯数与单芯软导线截面面积，按照设计图示安装数量以 "m" 为计量单位。管内穿线的线路分支接头线长度已综合考虑在定额中，不得另行计算。

b. 绝缘子配线根据导线截面面积，区别绝缘子形式（针式、鼓形、碟式）、绝缘子配线位置（沿屋架、梁、柱、墙，跨屋架、梁、柱、木结构、顶棚内、砖、混凝土结构，沿钢支架及钢索），按照设计图示安装数量以 "m" 为计量单位。当绝缘子暗配时，计算引下线工程量，其长度从线路支持点计算至天棚下缘距离。

c. 线槽配线根据导线截面面积，按照设计图示安装数量以 "m" 为计量单位。

d. 塑料护套线明敷设根据导线芯数与单芯导线截面面积，区别导线敷设位置（木结构、砖混凝土结构、沿钢索），按照设计图示安装数量以 "m" 为计量单位。

e. 车间带形母线安装根据母线材质与截面面积，区别母线安装位置（沿屋架、梁、柱、墙，跨屋架、梁、柱），按照设计图示安装数量以单相延长米为计量单位。

f. 车间配线钢索架设区别圆钢、钢索直径，按照设计图示墙（柱）内缘距离以 "m" 为计量单位，不扣除拉紧装置所占长度。

g. 车间配线母线与钢索拉紧装置制作与安装，根据母线截面面积、索具螺栓直径，按照设计图示安装数量以"套"为计量单位。

h. 盘、柜、箱、板配线根据导线截面面积，按照设计图示配线数量以"m"为计量单位。配线进入盘、柜、箱、板时每根线的预留长度按照设计规定计算，设计无规定时按照表3-19规定计算。

表3-19 配线进入盘、柜、箱、板的预留线长度

序号	项目	预留长度	说明
1	各种开关、柜、板	宽+高	盘面尺寸
2	单独安装（无箱、盘）的铁壳开关、闸刀开关、启动器、母线槽进出线盒	0.3m	从安装对象中心算起
3	由地面管子出口引至动力接线箱	1.0m	从管口计算
4	电源与管内导线连接（管内穿线与软、硬母线接头）	1.5m	从管口计算
5	出户线	1.5m	从管口计算

i. 灯具、开关、插座、按钮等预留线，已分别综合在相应项目内，不另行计算。

（5）第四册第十三章照明器具安装工程。本章内容包括普通灯具安装，装饰灯具安装，荧光灯具安装，嵌入式地灯安装，工厂灯安装，医院灯具安装，霓虹灯安装，路灯安装，景观灯安装，太阳光导入照明系统，开关、按钮安装，插座安装，艺术喷泉照明系统的安装等内容。

① 材料设备说明。灯具是透光、分配和改变光源光分布的器具，包括除光源外所有用于固定和保护光源的全部零部件及电源连接所必需的线路附件，具有控光、保护光源、安全和美化环境的作用。

照明灯具的分类通常以灯具的光通量在空间上下部分的分配比例分类；或者按灯具的结构特点分类；或者按灯具的安装方式分类等。

a. 按光通量在空间上下部分的分配比例分类

i. 直接型灯具。光直接从灯具上方射出，光通量利用率最高，其特点是光线集中，方向性很强，适用于工作环境照明。由于灯具的上下部分光通量分配比例较为悬殊且光线集中，容易产生对比眩光和较重的阴影。这类灯具按配光曲线的形状可分为特深照型、深照型、广照型、配照型和均匀配照型五种，适用于一般厂房、仓库和路灯照明等。

ii. 半直接型灯具。这类灯具采用下面敞口的半透明罩或者上方留有较大的通风、透光间隙，它能将较多的光线照射到工作面上，光通量的利用率较高，又使空间环境得到适当的亮度，阴影变淡，常用于办公室、书房等场所。

iii. 均匀漫射型灯具。这类灯具将光线均匀地投向四面八方，对工作面而言，光通量利用率较低。这类灯具是用漫射透光材料制成封闭式的灯罩，造型美观，光线柔和均匀，适用于起居室、会议室和厅堂照明。

iv. 半间接型灯具。这种灯具上半部用透明材料或上半部敞口，下半部用漫射透光材料做成。由于上半部光通量的增加，增加了室内反射光的照明效果，光线柔和；但灯具的效率低且灯具的灯罩上很容易积灰尘等脏物，很难清洁。

v. 间接型灯具。这类灯具90%以上的光线都由上半球射出，经顶棚反射到室内，光线柔和，没有阴影和眩光；但这类灯具的光通量利用率低，不经济，适用于剧场、展览馆等一些需要装

饰环境的场所。这类灯具不宜单独使用，常和其他形式的照明配合使用。

b. 按灯具的结构特点分类

i. 开启型灯具：无灯罩，光源直接照射周围环境。

ii. 闭合型灯具：透明灯具是闭合型，透光罩把光源包合起来，但是罩内外空气仍能自由流通，不防尘，如乳白玻璃球形灯等。

iii. 封闭型灯具：透明罩结合处做一般封闭，与外界隔绝比较可靠，罩内外空气可有限流通。

iv. 密闭型灯具：透明灯具固定处有严密封口，内外隔绝可靠，如防水灯、防尘灯等。

v. 防爆型灯具：透光罩及结合处严密封闭，灯具外壳均能承受要求的压力，能安全地在有爆炸危险的场所使用。

c. 按灯具的安装方式分类。灯具根据安装方式可分为吊式 X、固定线吊式 X_1、防水线吊式 X_2、人字线吊式 X_3、杆吊式 G、链吊式 L、座灯头式 Z、吸顶式 D、壁式 B 和嵌入式 R 等，如图 3-5 所示。

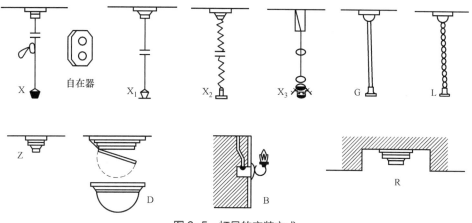

图 3-5 灯具的安装方式

② 有关说明

a. 灯具引导线是指灯具吸盘到灯头的连线，除注明者外，均按照灯具自备考虑。如引导线需要另行配置时，其安装费不变，主材费另行计算。

b. 小区路灯、投光灯、氖气灯、烟囱或水塔指示灯的安装定额，考虑了超高安装（操作超高）因素。

c. 吊式艺术装饰灯具的灯体直径为装饰灯具的最大外缘直径，灯体垂吊长度为灯座底部到灯梢之间的总长度。

d. 吸顶式艺术装饰灯具的灯体直径为吸盘最大外缘直径，灯体半周长为矩形吸盘的半周长，灯体垂吊长度为吸盘到灯梢之间的总长度。

e. 照明灯具安装除特殊说明外，均不包括支架制作安装。工程实际发生时，执行第十三册相关定额。

f. 定额包括灯具组装、安装、利用摇表测量绝缘及一般灯具的试亮工作。

g. 普通灯具安装定额适用范围见表 3-20。

灯具图片

表 3-20 普通灯具安装定额适用范围

定额名称	灯具种类
圆球吸顶灯	材质为玻璃的独立的半圆吸顶灯、扁圆罩吸顶灯、平圆形吸顶灯
方形吸顶灯	材质为玻璃的独立的矩形罩吸顶灯、方形罩吸顶灯、大口方罩吸顶灯
软线吊灯	利用软线为垂吊材料、独立的,材质为玻璃、塑料罩等各式吊链灯
吊链灯	利用吊链作辅助悬吊材料、独立的,材质为玻璃、塑料罩的各式吊链灯
防水吊灯	一般防水吊灯
一般弯脖灯	圆球弯脖灯、风雨壁灯
一般墙壁灯	各种材质的一般壁灯、镜前灯
软线吊灯头	一般吊灯头
声光控座灯头	一般声控、光控座灯头
座头灯	一般塑料、瓷质座灯头

h. 航空障碍灯根据安装高度不同执行本章"烟囱、水塔、独立式塔架标志灯"相应定额。

i. 装饰灯具安装定额适用范围见表 3-21。

表 3-21 装饰灯具安装定额适用范围

定额名称	灯具种类(形式)
吊式艺术装饰灯具	不同材料、不同灯体垂吊长度、不同灯体直径的蜡烛灯、挂片灯、串珠(穗)、串棒灯、吊杆式组合灯、玻璃罩(带装饰)灯
吸顶式艺术装饰灯具	不同材料、不同灯体垂吊长度、不同灯体几何形状串珠(穗)、串棒灯、挂片、挂碗、挂吊碟灯、玻璃(带装饰)灯
荧光艺术装饰灯具	不同安装形式、不同灯管数量的组合荧光灯光带,不同几何组合形式的内藏组合式灯,不同几何尺寸、不同灯具形式的发光棚,不同形式的立体广告灯箱、荧光灯光沿
几何形状艺术装饰灯具	不同固定形式、不同灯具形式的繁星灯、钻石星灯、礼花灯、玻璃罩钢架组合灯、凸片灯、反射挂灯、筒形钢架灯、U形组合灯、弧形管组合灯
标志、诱导装饰灯具	不同安装形式的标志灯、诱导灯
水下艺术装饰灯	简易型彩灯、密封型彩灯、喷水池灯、幻光型灯
点光源艺术装饰灯具	不同安装形式、不同灯体直径的筒灯、牛眼灯、射灯、轨道射灯
草坪灯具	各种立柱式、墙壁式的草坪灯
歌舞厅灯具	各种安装形式的变色转盘灯、雷达射灯、幻影转彩灯、维纳斯旋转灯、卫星旋转特效灯、飞碟旋转效果灯、多头转灯、滚筒灯、频闪灯、太阳灯、雨灯、歌星灯、边界灯、射灯、泡泡发生器、迷你满天星彩灯、迷你(单位)盘彩灯、多头宇宙灯、镜面球灯、蛇光灯

j. 荧光灯具安装定额按照成套型荧光灯考虑,工程实际采用组合式荧光灯时,执行相应的成套型荧光灯安装定额乘以系数 1.1。荧光灯具安装定额适用范围见表 3-22。

表 3-22 荧光灯具安装定额适用范围

定额名称	灯具种类
成套型荧光灯	单管、双管、三管、四管、吊链式、吊管式、吸顶式、嵌入式、成套独立荧光灯

k. 工厂灯及防尘防水灯安装定额适用范围见表 3-23。

项目3 电气工程计量与计价

表3-23 工厂灯及防水防尘灯安装定额适用范围

定额名称	灯具种类
直杆工厂吊灯	配照（GC1-A）、广照（GC3-A）、深照（GC5-A）、圆球（GC17-A）、双照（GC19-A）
吊链式工厂灯	配照（GC1-B）、深照（GC3-A）、斜照（GC5-C）、圆球（GC7-A）、双照（GC19-A）
吸顶灯	配照（GC1-A）、广照（GC3-A）、深照（GC5-A）、斜照（GC7-C）、圆球双照（GC19-A）
弯杆式工厂灯	配照（GC1-D/E）、广照（GC3-D/E）、深照（GC5-D/E）、斜照（GC7-D/E）、双照（GC19-C）、局部深照（GC26-F/H）
悬挂式工厂灯	配照（GC21-2）、深照（GC23-2）
防水防尘灯	广照（GC9-A、B、C）、广照保护网（GC11-A、B、C）、散照（GC15-A、B、C、D、E）

l. 工厂其他灯具安装定额适用范围见表3-24。

表3-24 工厂其他灯具安装定额适用范围

定额名称	灯具种类
防潮灯	扁形防潮灯（GC-31），防潮灯（GC-33）
腰形舱顶灯	腰形舱顶灯 CCD-1
管形氙气灯	自然冷却灯 220V/380V 功率 ≤ 20kW
投光灯	TG 型室外投光灯

m. 医院灯具安装定额适用范围见表3-25。

表3-25 医院灯具安装定额适用范围

定额名称	灯具种类
病房指示灯	病房指示灯
病房暗角灯	病房暗角灯
无影灯	3 ~ 12 孔管式无影灯

n. LED 灯安装根据其结构、形式、安装地点，执行相应的灯具安装定额。

o. 并列安装一套光源双罩吸顶灯时，按照两个单罩周长或半周长之和执行相应的定额；并列安装两套光源双罩吸顶灯时，按照两套灯具各自灯罩周长或半周长执行相应的定额。

③ 工程量计算规则

a. 普通灯具安装根据灯具种类、规格，按照设计图示安装数量以"套"为计量单位。

b. 吊式艺术装饰灯具安装根据装饰灯具示意图所示，区别不同装饰物以及灯体直径和灯体垂吊长度，按照设计图示安装数量以"套"为计量单位。

c. 吸顶式艺术装饰灯具安装根据装饰灯具示意图所示，区别不同装饰物、吸盘几何形状、灯体直径、灯体周长和灯体垂吊长度，按照设计图示安装数量以"套"为计量单位。

d. 荧光艺术装饰灯具安装根据装饰灯具示意图所示，区别不同安装形式和计量单位计算。灯具主材根据实际安装数量加损耗量以"套"另行计算。

i. 组合荧光灯带安装根据灯管数量，按照设计图示安装数量以灯带"m"为计量单位。

ii. 内藏组合式灯安装根据灯具组合形式，按照设计图示安装数量以"m^2"为计量单位。

iii. 发光棚荧光灯安装按照设计图示发光棚数量以"m"为计量单位。

iv. 立体广告灯箱、天棚荧光灯带安装按照设计图示安装数量以"m"为计量单位。

e. 几何形状组合艺术灯具安装根据装饰灯具示意图所示，区别不同安装形式及灯具形式，按照设计图示安装数量以"套"为计量单位。

f. 标志、诱导装饰灯具安装根据装饰灯具示意图所示，区别不同的安装形式，按照设计图示安装数量以"套"为计量单位。

g. 水下艺术装饰灯具安装根据装饰灯具示意图所示，区别不同安装形式，按照设计图示安装数量以"套"为计量单位。

h. 点光源艺术装饰灯具安装根据装饰灯具示意图所示，区别不同安装形式、不同灯具直径，按照设计图示安装数量以"套"为计量单位。

i. 草坪灯具安装根据装饰灯具示意图所示，区别不同安装形式，按照设计图示安装数量以"套"为计量单位。

j. 歌舞厅灯具安装根据装饰灯具示意图所示，区别不同安装形式，按照设计图示安装数量以"套"或"m"或"台"为计量单位。

k. 荧光灯具安装根据灯具安装形式、灯具种类、灯管数量，按照设计图示安装数量以"套"为计量单位。

l. 嵌入式地灯安装根据灯具安装形式，按照设计图示安装数量以"套"为计量单位。

m. 工厂灯及防水防尘灯安装根据灯具安装形式，按照设计图示安装数量以"套"为计量单位。

n. 工厂其他灯具安装根据灯具类型、安装形式、安装高度，按照设计图示安装数量以"套"或"个"为计量单位。

o. 医院灯具安装根据灯具类型，按照设计图示安装数量以"套"为计量单位。

p. 霓虹灯管安装根据灯管直径，按照设计图示延长米数量以"m"为计量单位。

q. 霓虹灯变压器、控制器、继电器安装根据用途与容量及变化回路，按照设计图示安装数量以"台"为计量单位。

r. 小区路灯安装根据灯杆形式、臂长、灯数，按照设计图示安装数量以"套"为计量单位。

s. 楼宇亮化灯安装根据光源特点与安装形式，按照设计图示安装数量以"套"或"m"为计量单位。

t. 开关、按钮安装根据安装形式与种类、开关极数及单控与双控，按照设计图示安装数量以"套"为计量单位。

u. 空调温控开关、请勿打扰灯安装，按照设计图示安装数量以"套"为计量单位。

v. 声控（红外线感应）延时开关、柜门触动开关安装，按照设计图示安装数量以"套"为计量单位。

w. 插座安装根据电源数、定额电流、插座安装形式，按照设计图示安装数量以"套"为计量单位。

x. 艺术喷泉照明系统程序控制箱、音乐喷泉控制设备、喷泉特技效果控制设备安装根据安装位置方式及规格，按照设计图示安装数量以"台"为计量单位。

y. 艺术喷泉照明系统喷泉水下管灯安装根据灯管直径，按照设计图示安装数量以"m"为计量单位。

任务3.2

电气系统工程量计算

3.2.1 工程图纸识读

3.2.1.1 常用电气施工图的图例

建筑电气制图标准

为了简化作图，国家有关标准制定部门和一些设计单位有针对性地对常见的材料构件、施工方法等规定了一些固定的画法式样，有的还附有文字符号标注。表3-26～表3-30是在实际电气施工图中常用的一些图例画法，根据它们可以方便地读懂电气施工图。

表3-26 线路走向方式代号

序号	名称	图形符号	说明	序号	名称	图形符号	说明
1	向上配线	↗	方向不得随意旋转	5	由上引来	↙	
2	向下配线	↙	宜注明箱、线编号及来龙去脉	6	由上引来向下配线	↙•	
3	垂直通过	↗•		7	由下引来向上配线	•↗	
4	由下引来	↗					

表3-27 灯具类型型号代号

序号	名称	图形符号	说明	序号	名称	图形符号	说明
1	灯	⊗	灯或信号灯一般符号	7	吸顶灯	◗	
2	投光灯	⊗		8	壁灯	◐	
3	荧光灯	▭	示例为3管荧光灯	9	花灯	⊗	
4	应急灯	▯	自带电源的事故照明灯装置	10	弯灯	⌐○	
5	气体放电灯辅助设施	▭	公用于与光源不在一起的辅助设施	11	安全灯	⊖	
6	球形灯	●		12	防爆灯	○	

表 3-28 照明开关在平面布置图上的图形符号

序号	名称	图形符号	说明	序号	名称	图形符号	说明
1	双控拉线开关		开关一般符号	5	单级拉线开关		
2	单级开关		分别表示明装、暗装、密闭（防水）、防爆	6	单级双控拉线开关		
				7	双控开关		
3	双级开关		分别表示明装、暗装、密闭（防水）、防爆	8	带指示灯开关		
				9	定时开关		
4	三级开关		分别表示明装、暗装、密闭（防水）、防爆	10	多拉开关		

表 3-29 插座在平面布置图上的图形符号

序号	名称	图形符号	说明	序号	名称	图形符号	说明
1	插座		插座的一般符号，表示一个级	5	多孔插座		示出三个
2	单相插座		分别表示明装、暗装、密闭（防水）、防爆	6	三相四孔插座		分别表示明装、暗装、密闭（防水）、防爆
3	单相三孔插座		分别表示明装、暗装、密闭（防水）、防爆	7	带开关插座		带一单级开关
4	三级开关		分别表示明装、暗装、密闭（防水）、防爆	8	多拉开关		

表 3-30 接线原理图型号代号

序号	名称	图形符号	说明	序号	名称	图形符号	说明
1	多级开关一般符号		动合（常开）触点	9	隔离开关一般符号		
2	动断（常闭）触点		水平方向上开下闭	10	负荷开关一般符号		
3	转换触点		先断后合	11	接触器一般开关		
4	双向触点		中间断开	12	热继电器一般符号		
5	动合触点形式一		操作器件被吸合时延时闭合	13	有功功率表	WH	
6	动合触点形式二			14	无功功率表	Var	
7	动合触点形式一		操作器件被释放时延时断开	15	接触器一般符号		在非动作位置触点闭合
8	动合触点形式二			16	接触器一般符号		自动释放

3.2.1.2 建筑电气安装工程施工图的组成

一套完整的建筑电气安装工程施工图，一般由以下内容组成。

（1）图纸目录。列出绘制图纸所选用的标准图纸或重复利用的图纸等的编号及名称。

（2）设计总说明（即首页）。内容一般包括施工图的设计依据；设计指导思想；本工程项目的设计规模和工程概况；电气材料的用料和施工要求说明；主要设备规格型号；采用新材料、新技术或者特殊要求的做法说明；系统图和平面图中没有交代清楚的内容，例如进户线的距地标高、配电箱的安装高度、部分干线和支线的敷设方式和部位、导线种类和规格及截面积大小等内容。简单的工程可在电气图纸上写成文字说明，有些电气工程施工图设计说明后面还附有图例、文字符号等内容。

（3）配电系统图。配电系统图表示整体电力系统的配电关系或配电方案。从配电系统图中能够看到该工程配电的规格、各级控制关系、各级控制设备和保护设备的规格容量、各路负荷用电容量及导线规格、电线保护管规格及导线走向等内容。

（4）平面图。平面图显示建筑各层的照明、动力、用电器具等电气设备的平面位置和线路走向。它是安装电器和敷设支路管线的依据。根据用电负荷的不同有照明平面图、动力平面图、防雷平面图、电话平面图（属弱电工程）等。

（5）大样图。大样图是表示电气安装工程中的局部做法明晰图，例如舞台聚光灯安装大样图、灯头盒安装大样图等。在《电气设备安装施工图册》中有大量的标准做法大样图。

（6）二次接线图。二次接线图是表示电气仪表、互感器、继电器及其他控制回路的接线图。例如加工非标准配电箱就需要配电系统图和二次接线图。

（7）设备材料表。为了便于施工单位计算材料、采购电气设备、编制工程概（预）算和编制施工组织计划等方面的需要，电气工程图纸上要列出主要设备材料表。表中应列出主要电气设备材料的规格、型号、数量以及有关的重要数据，要求与图纸一致，而且要按照序号编号。

设备材料表是电气施工图中不可缺少的内容。

3.2.1.3 建筑电气安装工程施工图识图要领

（1）要熟知图纸的规格、图标、设计中的图线、比例、字体和尺寸标注方式等。

① 图纸的规格。设计图纸的图幅尺寸有五种标准规格，分别是 A0、A1、A2、A3、A4。

② 图标。图标一般放在图纸的右下角，其主要内容可能因设计单位的不同而有所不同，大致包括图纸的名称、比例、设计的单位、制图人、设计人、专业负责人、工程负责人、校对人、审核人、审定人、完成日期等。工程设计图标均应设置在图纸的右下角，紧靠图框线。

③ 尺寸和比例：工程图纸上标注的尺寸通常采用毫米（mm）为单位，在总平面图和首层平面上标明指北针。图形比例应该遵守国家制图标准。标准序列为：1∶10、1∶20、1∶50、1∶100、1∶150、1∶200、1∶400、1∶500、1∶1000、1∶2000。

普通照明平面图多采用 1∶100 的比例，特殊情况下，也可使用 1∶50 和 1∶200。大样图可适当放大比例。电气接线图可不按比例绘制示意图。

（2）根据图纸目录，检查和了解图纸的类别及张数，如果图纸说明中有用到标准图的，应按照标准图名称和代号配齐标准图，以备读图中查阅。

（3）按图纸目录顺序，识读施工图时，先从引入电线（或电缆）开始，找配电干线关系。即引入电线（或电缆）→总配电箱→楼层配电箱（中间可能有多级配电箱）→用户配电箱（末级配电箱），再逐个分析从用户配电箱（末级配电箱）引出至用电器具的各个回路。

（4）读图时，应先整体后局部，先文字说明后图样，先图形后尺寸等仔细阅读。

（5）注意各类图纸之间的联系，以避免发生矛盾而造成事故和经济损失。例如配电系统图和平面图可以相互验证。

（6）认真阅读设计施工说明书，明确工程对施工的要求。

（7）在分析建筑电气安装工程施工图时，照明灯具回路因后续灯具开关控制线根数发生变化，从配电箱接出来的导线根数与中间过程中的导线根数不一样，此时要仔细分析开关线的根数，由此判断某段线路中导线的根数。

（8）阅读建筑电气安装工程施工图时，应搞清楚每层的具体层高。因在电气工程计算配管配线工程数量时，垂直方向上的高差是要根据层高、器具安装高度、管线走向来推算其垂直高差。

另外，如果安装高度超过一定值（电气定额中层高＞5m），还应在措施费用计算中计取层高超高增加费，所以在读图时要清楚每层的建筑层高。

3.2.2　照明系统工程量计算案例

3.2.2.1　工程基本概况

图 3-6 为某配电房电气平面图，图 3-7 和表 3-31 分别为配电箱系统图和设备材料型号规格。

该建筑为单层平屋面砖、混凝土结构，建筑物室内标高为 4.00m。图 3-6 中括号内数字表示线路水平长度，配管进入地面或顶板内深度均按 0.05m，穿管规格：BV2.5 导线穿 3～5 根均采用刚性阻燃管 PC20，其余按图 3-7。表 3-32 为设备材料价格一览。

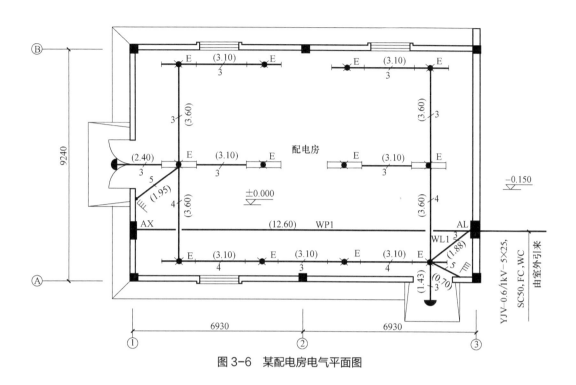

图 3-6 某配电房电气平面图

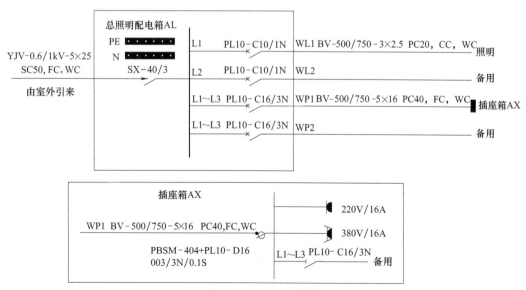

图 3-7 配电箱系统图

表 3-31 设备材料型号规格

序号	图例	设备/材料名称	型号规格	单位	备注
1	▬	总照明配电箱 AL	非标定制 600（宽）×800（高）×200（深）	台	嵌入式，安装高度底边离地 1.5m
2	▬	插座箱 AX	P230，300（宽）×300（高）×120（深）	台	嵌入式，安装高度底边离地 0.5m
3	◐	吸顶灯 HYG7001	1×12W，D350	套	吸顶安装
4	⊢•⊣	双管荧光灯自带蓄电池	HYG218-2C，2×28W	台	应急时间不小于 120min，吸顶安装
5	⊢•⊣	单管荧光灯自带蓄电池	HYG118-2C，1×28W	套	应急时间不小于 120min，吸顶安装
6	✦	四联单控暗开关	AP86K41-10，250V/10A	个	安装高度离地 1.3m

表 3-32 设备材料价格一览

序号	名称、规格、型号	单位	除税价/元
1	配电箱非标定制，规格：600mm（宽）×800mm（高）×200mm（深），嵌入式安装	个	145
2	插座箱 P230，规格：300mm（宽）×300mm（高）×120mm（深），嵌入式安装	个	75
3	四联单控暗开关	个	15
4	刚性阻燃管 PC20	m	0.8
5	刚性阻燃管 PC40	m	1.2
6	BV2.5mm^2	m	1.5
7	BV16mm^2	m	15
8	吸顶灯 HYG7001，1×12W，D350	套	70
9	单管荧光灯，自带蓄电池，HYG118-2C，1×28W，吸顶安装	套	45
10	双管荧光灯，自带蓄电池，HYG218-2C，2×28W，吸顶安装	套	90

3.2.2.2 工程量计算与清单

任务要求：按照《通用安装工程工程量计算规范》（GB 50856—2013）、《浙江省建设工程计价规则》（2018 版）、《浙江省通用安装工程预算定额》（2018 版）的内容列项，计算电气系统工程量。

第一步：计算电气系统工程量，结果如表 3-33 所示。

表 3-33 某配电房照明系统工程量计算

序号	项目部位、名称	单位	数量	计算式
1	配电箱 AL	台	1	1
2	插座箱 AX	台	1	1

续表

序号	项目部位、名称	单位	数量	计算式
3	WL1 刚性阻燃管沿砖、混凝土结构暗配 PC20	m	51.71	水平（按图示长度计算）：1.88+0.7+1.43+3.1×7+4×3.6+1.95+2.4=44.46 垂直：4（层高）-1.5（AL箱底边安装高度）-0.8（AL箱高度）+0.05（配管进入顶板内深度）+[4（层高）-1.3（开关安装高度）+0.05（配管进入顶板内深度）]×2=7.25 合计：44.46+7.25=51.71 或 三线管：[4（层高）-1.5（AL箱底边安装高度）-0.8（AL箱高度）+0.05（配管进入顶板内深度）]+（1.88+1.43+3.1×5+3.6×2+2.4）（水平长度总和）=30.16 四线管：3.1×2+3.6×2=13.40 五线管：[4（层高）-1.3（开关安装高度）+0.05（配管进入顶板内深度）]×2+0.7+1.95=8.15 合计：30.16+13.40+8.15=51.71
4	WP1 刚性阻燃管沿砖、混凝土结构暗配 PC40	m	14.7	12.6（水平长度）+1.5（AL箱底边安装高度）+0.5（AX箱底边安装高度）+0.05（配管进入顶板内深度）×2=14.70
5	WL1 管内穿铜线 BV2.5mm^2	m	189.03	根据之前配管计算数据： [30.16+0.6（AL箱宽）+0.8（AL箱高）]×3+13.40×4+8.15×5=189.03
6	WP1 管内穿铜线 BV16mm^2	m	83.5	[14.7（PC40管长度）+0.6（AL箱宽）+0.8（AL箱高）+0.3（AX箱宽）+0.3（AX箱高）]×5=83.50
7	四联单控暗开关	个	2	2
8	单管荧光灯	套	8	8
9	双管荧光灯	套	4	4
10	吸顶灯	套	2	2

第二步：根据清单规范及定额相关内容，遵循安装清单规范所列工程量清单顺序，汇总计算电气系统工程量，结果如表 3-34 所示。

表 3-34 某配电房照明系统工程量汇总

序号	项目部位、名称	单位	数量
1	配电箱 AL，嵌入式，规格 600mm（宽）×800mm（高）×200mm（深）	个	1
2	插座箱 AX，嵌入式，规格 300mm（宽）×300mm（高）×120mm（深）	个	1
3	刚性阻燃管沿砖、混凝土结构暗配 PC20	m	51.71
4	刚性阻燃管沿砖、混凝土结构暗配 PC40	m	14.7
5	管内穿线 BV2.5mm^2	m	189.03
6	管内穿线 BV16mm^2	m	83.5
7	四联单控暗开关	个	2
8	单管荧光灯，吸顶安装	套	8
9	双管荧光灯，吸顶安装	套	4
10	吸顶灯	套	2

3.2.3 防雷接地系统工程量计算案例

3.2.3.1 工程基本概况

某住宅楼防雷工程平面布置见图 3-8。说明如下。

① 图 3-8 中标高以 m 计,其余尺寸均以 mm 计。

② 避雷网采用 ϕ12mm 镀锌圆钢沿墙明敷,其中 ABCD 部分的标高为 29.5m,其余部分标高为 27m。

③ 引下线利用建筑物柱内 2 根主筋引下,每一引下线离室外地坪 1.8m 处设一断接卡子。

④ 接地母线采用 -50×5 镀锌扁钢,埋深 0.7m(以断接卡子 1.8m 处作为接地母线与引下线的分界点)。

⑤ 接地极采用∟50×50×5 镀锌角钢制作,长度 L=2.5m/ 根,3 根 1 组。

⑥ 接地电阻要求小于 1Ω。

⑦ 图示标高以室外地坪为 ±0.000 计算。

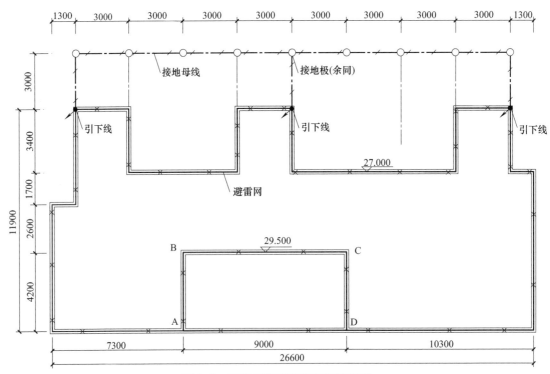

图 3-8 某住宅楼防雷接地平面布置图

根据《建设工程工程量清单计价规范》(GB 50500—2013)、《通用安装工程工程量计算规范》(GB 50856—2013)的规定,编制该工程的分部分项工程量清单。主要材料和设备的价格见

表 3-35。

表 3-35 主要材料和设备的价格一览表

序号	名称、规格、型号	单位	除税价/元
1	镀锌角钢∟50×50×5，L=2.5m	根	35
2	镀锌扁钢 -50×5	m	7
3	镀锌圆钢 $\phi12$	m	3

3.2.3.2 工程量计算与清单

任务要求：按照《通用安装工程工程量计算规范》（GB 50856—2013）、《浙江省建设工程计价规则》（2018 版）、《浙江省通用安装工程预算定额》（2018 版）的内容列项，计算防雷接地系统工程量。

第一步：计算防雷接地系统工程量，结果如表 3-36 所示。

表 3-36 某住宅楼防雷接地系统工程量计算

序号	项目部位、名称	单位	数量	计算式
1	ϕ12mm 镀锌圆钢沿墙明敷避雷网	m	117.41	[26.6×2+（4.2+2.6+1.7+3.4）×2+4.2×2（AB 和 CD 长度）+3.4×4（凹凸部分）+9（BC 长度）+（29.5-27）（AB 超出高度）×2]×（1+3.9%）=117.41
2	利用建筑物柱内 2 根主筋引下	m	75.6	[27（楼高）-1.8（断接卡子高度）]×3=75.6
3	断接卡子制作安装	套	3	3
4	户外接地母线—50×5 镀锌扁钢	m	42.08	[3×11+（1.8+0.7）×3]×（1+3.9%）=42.08
5	接地极∟50×50×5 镀锌角钢 L=2.5m	根	9	9
6	独立接地装置调试	组	3	3

第二步：根据清单规范及定额相关内容，遵循安装清单规范所列工程量清单顺序，汇总计算防雷接地系统工程量，结果如表 3-37 所示。

表 3-37 某住宅楼防雷接地系统工程量汇总

序号	项目部位、名称	单位	数量
1	接地极∟50×50×5 镀锌角钢 L=2.5m	根	9
2	户外接地母线—50×5 镀锌扁钢	m	42.08
3	利用建筑物柱内 2 根主筋引下	m	75.6
4	断接卡子制作安装	套	3
5	ϕ12mm 镀锌圆钢沿墙明敷避雷网	m	117.41
6	独立接地装置调试	组	3

任务3.3

电气系统清单编制与综合单价分析

3.3.1 照明系统清单编制与综合单价分析

第一步：根据任务 3.2 中 3.2.2 的工程量计算汇总结果，按现行《通用安装工程工程量计算规范》（GB 50856—2013）附录 D，编制本工程分部分项工程量清单，结果如表 3-38 所示。

表 3-38 某配电房照明系统分部分项工程量清单

序号	项目编码	项目名称	项目特征	计量单位	工程量
1	030404017001	配电箱	①名称：配电箱 AL ②型号：非标定制 ③规格：600mm（宽）×800mm（高）×200mm（深） ④安装方式：嵌入式	个	1
2	030404018001	插座箱	①名称：插座箱 AX ②型号：P230 ③规格：300mm（宽）×300mm（高）×120mm（深） ④安装方式：嵌入式	个	1
3	030404034001	照明开关	①名称：四联单控暗开关 ②安装方式：暗装	个	2
4	030411001001	配管	①材质、规格：刚性阻燃管 PC20 ②配置形式：沿砖、混凝土结构暗配	m	51.71
5	030411001002	配管	①材质、规格：刚性阻燃管 PC40 ②配置形式：沿砖、混凝土结构暗配	m	14.7
6	030411004001	配线	①型号、规格、材质：BV2.5mm^2 ②配线形式：管内穿线	m	189.03
7	030411004002	配线	①型号、规格、材质：BV16mm^2 ②配线形式：管内穿线	m	83.5
8	030412001001	普通灯具	①名称：吸顶灯 HYG7001 ②型号、规格：1×12W，D350	套	2
9	030412005001	荧光灯	①名称：单管荧光灯，自带蓄电池 ②型号、规格：HYG118-2C，1×28W ③安装形式：吸顶安装	套	8
10	030412005002	荧光灯	①名称：双管荧光灯，自带蓄电池 ②型号、规格：HYG218-2C，2×28W ③安装形式：吸顶安装	套	4

第二步：按照现行的《浙江省通用安装工程预算定额》（2018 版）及工程量汇总计算表中给出的未计价材料除税价格，编制本工程的工程量清单综合单价分析表，企业管理费、利润按《浙江省建设工程计价规则》（2018 版）中的一般计税法中值计取，风险费暂不计取。结果如表 3-39 所示。

表 3-39 综合单价计算表

工程名称：某配电房照明系统

清单序号	项目编码（定额编码）	清单（定额）项目名称	计量单位	数量	综合单价/元					小计	合计/元
					人工费	材料（设备）费	机械费	管理费	利润		
1	030404017001	配电箱	台	1	194.40	173.63		42.22	20.22	430.47	430.47
	4-4-16×J1.2换	成套配电箱安装 悬挂式半周长1.5m嵌入式成套配电箱安装	台	1	194.40	173.63		42.22	20.22	430.47	430.47
2	030404018001	插座箱	台	1	63.38	85.78		13.77	6.59	169.52	169.52
	4-4-15×J0.5换	成套配电箱安装 悬挂式半周长1.0m插座箱的安装	台	1	63.38	85.78		13.77	6.59	169.52	169.52
3	030404034001	照明开关	个	2	6.75	16.55		1.47	0.70	25.47	50.94
	4-13-302	跷板暗开关单控 ≤6联	10套	0.2	67.50	165.54		14.66	7.02	254.72	50.94
4	030411001001	配管	m	51.71	3.91	1.19		0.85	0.41	6.36	328.88
	4-11-144	砖、混凝土结构暗配刚性阻燃管 公称直径（mm）20	100m	0.5171	391.23	119.17		84.98	40.69	636.07	328.91
5	030411001002	配管	m	14.70	5.42	2.19		1.18	0.56	9.35	137.45
	4-11-147	砖、混凝土结构暗配刚性阻燃管 公称直径（mm）40	100m	0.147	541.76	218.63		117.67	56.34	934.40	137.36
6	030411004001	配线	m	189.03	0.61	1.75		0.13	0.06	2.55	482.03
	4-12-5	穿照明线 铜芯导线截面（mm²以内）2.5	100m	1.8903	61.02	175.18		13.25	6.35	255.80	483.54
7	030411004002	配线	m	83.50	0.67	15.78		0.15	0.07	16.67	1391.95
	4-12-28	穿动力线 铜芯导线截面（mm²以内）16	100m	0.835	66.83	1578.46		14.52	6.95	1666.76	1391.74

续表

清单序号	项目编码（定额编码）	清单(定额)项目名称	计量单位	数量	综合单价/元						合计/元
					人工费	材料(设备)费	机械费	管理费	利润	小计	
8	030412001001	普通灯具	套	2	16.20	72.71		3.52	1.69	94.12	188.24
	4-13-2	吸顶灯具安装 灯罩直径(mm以内)350	10套	0.2	162.00	727.07		35.19	16.85	941.11	188.22
9	030412005001	荧光灯	套	8	15.04	47.16		3.27	1.56	67.03	536.24
	4-13-204	荧光灯具安装 吸顶式单管	10套	0.8	150.39	471.56		32.66	15.64	670.25	536.20
10	030412005002	荧光灯	套	4	18.91	92.61		4.11	1.97	117.60	470.40
	4-13-205	荧光灯具安装 吸顶式双管	10套	0.4	189.14	926.06		41.08	19.67	1175.95	470.38
合计												4186.12

3.3.2 防雷接地系统清单编制与综合单价分析

第一步：根据任务 3.2 中 3.2.3 的工程量计算汇总结果，按现行的《通用安装工程工程量计算规范》（GB 50856—2013）附录 D.9，编制本工程分部分项工程量清单，结果如表 3-40 所示。

表 3-40 某住宅楼防雷接地系统分部分项工程量清单

序号	项目编码	项目名称	项目特征	计量单位	工程量
1	030409001001	接地极	①材质：镀锌角钢 ②规格：∟50×50×5，L=2.5m ③土质：普通土	根	9
2	030409002001	接地母线	①材质：镀锌扁钢 ②规格：-50×5 ③安装部位：户外	m	42.08
3	030409003001	避雷引下线	①安装形式：利用建筑物柱内 2 根主筋引下 ②断接卡子：制作安装 3 套	m	75.6
4	030409005001	避雷网	①材质：镀锌圆钢 ②规格：ϕ12mm ③安装形式：沿墙明敷	m	117.41
5	030414011001	接地装置系统调试	系统：独立接地装置调试	组	3

第二步：按照现行的《浙江省通用安装工程预算定额》（2018 版）及工程量汇总计算表中给出的未计价材料除税价格，编制本工程的工程量清单综合单价分析表，企业管理费、利润按《浙江省建设工程计价规则》（2018 版）中的一般计税法中值计取，风险费暂不计取。结果如表 3-41 所示。

表 3-41 综合单价计算表

工程名称：某住宅楼防雷接地系统

清单序号	项目编码 （定额编码）	清单（定额） 项目名称	计量单位	数量	综合单价/元						合计/元
					人工费	材料（设备）费	机械费	管理费	利润	小计	
		[请输入分部名称，电子评标勿删]									5494.41
1	030409001001	接地极	根	9	28.22	38.92	11.20	8.56	4.10	91.00	819.00
	4-9-49	接地极（板）制作与安装 角钢接地极 普通土	根	9	28.22	38.92	11.20	8.56	4.10	91.00	819.00
2	030409002001	接地母线	m	42.08	21.47	7.75	1.00	4.88	2.34	37.44	1575.48
	4-9-55	接地母线敷设 埋地敷设	10m	4.208	214.65	77.51	10.00	48.79	23.36	374.31	1575.10
3	030409003001	避雷引下线	m	75.60	5.96	0.73	3.94	2.15	1.03	13.81	1044.04
	4-9-40	避雷引下线敷设 利用建筑结构钢筋引下	10m	7.56	50.63	6.58	39.35	19.54	9.36	125.46	948.48
	4-9-41	避雷引下线敷设 断接卡子制作安装	10套	0.3	226.80	17.15	0.08	49.28	23.60	316.91	95.07
4	030409005001	避雷网	m	117.41	5.78	5.30	1.60	1.60	0.77	15.05	1767.02

续表

清单序号	项目编码（定额编码）	清单（定额）项目名称	计量单位	数量	综合单价/元						合计/元
					人工费	材料（设备）费	机械费	管理费	利润	小计	
	4-9-43	避雷网安装 沿折板支架敷设	10m	11.741	57.78	53.03	16.01	16.03	7.67	150.52	1767.26
5	030414011001	接地装置	组	3	55.35	1.52	16.38	15.58	7.46	96.29	288.87
	4-14-47	独立接地装置6根接地极以内	组	3	55.35	1.52	16.38	15.58	7.46	96.29	288.87
		合计									5494.41

思考与练习

1. 单项选择题

（1）某办公楼空调插座回路，标明管内穿线BV-6，其定额应套（　　）。

A. 4-12-3　　　　　　　　　　B. 4-12-7
C. 4-12-17　　　　　　　　　 D. 4-12-26

（2）暗配扣压式薄壁钢导管（KBG）DN20mm定额套用（　　）子目。

A. 4-11-2　　　　　　　　　　B. 4-11-8
C. 4-11-24　　　　　　　　　 D. 4-11-35

（3）在电气照明工程中，镶嵌在吊顶内的灯具需要从屋面楼板至吊顶之间安装普利卡金属管12#，每根管长0.9m，其定额应套用（　　）。

A. 4-11-119　　　　　　　　　B. 4-11-120
C. 4-11-178　　　　　　　　　D. 4-11-184

（4）在电气照明工程中，从屋面楼板至吊顶之间安装的金属软电线管，定额套用相应子目为（　　）。

A. 金属软管敷设　　　　　　　B. 可挠金属套管敷设
C. 塑料线槽敷设　　　　　　　D. 电线管敷设

（5）沿某建筑屋面女儿墙敷设的避雷线 ϕ12mm 镀锌圆钢（ϕ12mm 镀锌圆钢主材价8.2元/m），图纸显示避雷线中心线长260m，则安装工程直接工程费为（　　）元。

A. 4084.86　　　　　　　　　　B. 4244.17
C. 4716.66　　　　　　　　　　D. 4900.61

（6）在电气设备安装工程定额中，沿屋面女儿墙敷设的 ϕ12mm 镀锌圆钢避雷线按图示延长米计算工程量后应另加（　　）%的附加长度计算。

A. 3.9　　　　　　　　　　　　B. 2.5
C. 4.9　　　　　　　　　　　　D. 5

（7）沿某建筑利用基础底板钢筋作为接地母线，则接地母线安装定额应套（　　）。

A. 4-9-55　　　　　　　　　　 B. 4-9-56
C. 4-9-57　　　　　　　　　　 D. 4-9-44

思考与练习

2. 多项选择题

（1）下列说法正确的包括（　　）。

A. 利用柱中主钢筋作为避雷引下时，安装定额套用的引下线钢筋应计主材费

B. 建筑电气工程层高超高起点是 8m

C. 单独采用扁钢或圆钢明敷设作均压环时，套用户内接地母线敷设定额

D. 钢铝窗接地执行接地跨接线定额

E. 采用圆钢明敷作均压环时，可执行户外接地母线的定额子目

F. 等电位箱安装，箱体半周长在 200mm 以内时，执行接线盒安装定额

（2）下列说法错误的包括（　　）。

A. 地下敷设电缆（线）保护管公称直径小于或等于 25mm 时，参照 DN50mm 的相应定额，基价乘以系数 0.7

B. 防火桥架执行钢制槽式桥架相应定额，耐火桥架执行钢制槽式桥架相应定额，人工和机械乘以系数 2.0

C. 避雷针为成品供应时，其定额基价乘以系数 0.5

D. 避雷网、接地母线敷设按照设计图示敷设数量以 "m" 为计量单位。计算长度时，按照设计图示水平和垂直规定长度 2.5% 计算附加长度

E. 不锈钢桥架安装执行相应的钢制桥架定额乘以系数 1.10

（3）下列说法错误的包括（　　）。

A. 如果出现钢管杆的组立，按同高度混凝土杆组立的人工、机械乘以系数 1.4，材料不调整

B. 照明线路中导线截面面积大于 6mm^2 时，执行"穿动力线"相应的定额

C. 多芯软导线线槽配线按芯数不同套用本章"管内穿多芯软导线"相应定额乘以系数 1.3

D. 架空线路输电工程，一次施工工程量按 5 基以上电杆考虑，如 5 根以内者，电杆组立定额人工、机械乘以系数 1.3

E. 配电箱的盘面尺寸，指的是配电箱的"长+宽+高"

3. 定额换算题

将正确答案填入表格中的空格处。本题中安装费的人材机单价均按《浙江省通用安装工程预算定额》（2018 版）取定的基价考虑。本题管理费费率 21.72%，利润费率 10.4%，风险费不计，计算保留 2 位小数。

定额清单综合单价计算表

序号	定额编号	定额项目名称	计量单位	综合单价/元					
				人工费	材料费	机械费	管理费	利润	小计
1		YJV-5×10 电缆在竖井内支架中竖直敷设（电缆 YJV-5×10：50 元/m）							
2		YJV-5×16 电缆在竖井内桥架中竖直敷设（电缆 YJV-5×16：70 元/m）							

思考与练习

续表

序号	定额编号	定额项目名称	计量单位	综合单价/元					
				人工费	材料费	机械费	管理费	利润	小计
3		YJV-5×25 电缆在竖井内支架中竖直敷设（电缆 YJV-5×25：50 元/m）							
4		坡屋面上安装 ϕ12mm 的镀锌圆钢作为避雷线（主材 ϕ12mm 的镀锌圆钢价格为 8.5 元/m）							

4．综合应用题

【背景资料】如图所示为某办公楼内一间办公室的照明电气施工图（系统图和平面图），已知建筑层高 3.3m，三管荧光灯吸顶安装，配电箱为悬挂嵌入式安装，规格为：宽×高 = 400mm×250mm，配电箱底边距地 1.4m，开关距地 1.4m。

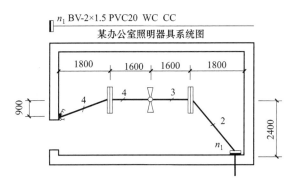

某办公室照明器具平面布置图

要求：
（1）计算 n_1 回路配管、配线、灯具、风扇、开关等安装工程数量；
（2）编制 n_1 回路分部分项工程量清单（《通用安装工程工程量计算规范》）；
（3）按清单计价法编制 n_1 回路工程造价。

项目 4

水灭火消防工程计量与计价

建议课时： 24课时（4+12+8）

教学目标

知识目标： （1）熟悉水灭火消防工程图纸识读要点；

（2）掌握水灭火消防系统工程量计算方法；

（3）掌握水灭火消防系统工程量清单编制及综合单价计算方法。

能力目标： （1）能够准确计算水灭火消防系统工程量；

（2）能够正确编制水灭火消防系统工程量清单，并计算清单综合单价。

思政目标： （1）培养严谨细致的工作态度；

（2）提升科学思维方法与科学伦理精神；

（3）培养学思结合、知行统一、勇于探索的创新精神。

引言

消防工程按照火灾中所起的作用不同,分为防火系统、灭火系统、防排烟系统和消防控制系统。以上四个系统共同协作,才能完成火灾的防控、预警等功能,把火灾造成的人员伤亡、财物损失降到最低。

灭火系统的组成及类别,包括消防给水设施、消火栓灭火系统、自动喷水灭火系统、喷雾灭火系统、细水雾灭火系统、泡沫灭火系统、气体灭火系统、干粉灭火系统。其中水灭火系统是目前用于扑灭民用及公共建筑,以及工业建筑一般性火灾的最经济有效的消防系统。

按照灭火设备构造不同,水灭火系统分为消火栓灭火和自动喷水灭火系统两大类,除此以外还有水喷雾灭火系统。本项目内容以水灭火消防系统作为主要学习内容。

水灭火系统的基础知识,如系统类型、系统组成、设备种类、常用材料、系统功能与工作原理等内容可自行扫描下方二维码学习。以上基础知识对于准确、全面地完成水灭火系统工程量计算,以及准确计取其工程造价具有重要意义。

消防给水系统组成及分类

消防给水工程常用材料

任务4.1

工程量计算清单规范与定额的学习

4.1.1 水灭火消防系统工程量清单相关知识及应用

(1)水灭火系统常用工程量清单项目设置、项目特征描述的内容、计量单位及工程量计算规则

按《通用安装工程工程量计算规范》(GB 50856—2013)附录有关内容执行,常用水灭火消防系统及调试工程量清单见表4-1。

消防工程清单规范

表4-1 工程量清单项目设置的内容

项目编码	项目名称	分项工程项目
030901	水灭火系统	本部分包括水喷淋镀锌钢管、消火栓钢管、水喷淋(雾)喷头、报警装置、感温式水幕装置、水流指示器、减压孔板、末端试水装置、集热板制作安装、室内消火栓、室外消火栓、消防水泵结合器、灭火器、消防水炮,共14个分项
030905	消防系统调试	本部分包括自动报警系统装置调试、水灭火系统控制装置调试、防火控制系统装置调试、气体灭火系统装置调试、消防监控系统调试,共5个分项

（2）水灭火系统工程量清单规范的应用

① 水灭火管道工程量计算，不扣除阀门、管件及各种组件所占的长度以延长米计算。

② 水喷淋（雾）喷头安装部位应区分有吊顶、无吊顶。图4-1为喷淋头安装示意。

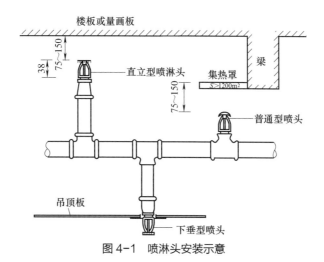

图4-1 喷淋头安装示意

③ 报警装置适用于湿式报警装置、干湿两用报警装置、电动雨淋报警装置、预作用报警装置等。报警装置安装包括装配管（除水力警铃进水管）的安装，水力警铃进水管并入消防管道工程量，其中湿式报警装置包括：湿式阀、蝶阀、装配管、供水压力表、装置压力表、试验阀、泄放试验阀、泄放试验管、试验管流量计、过滤器、延时器、水力警铃、报警截止阀、漏斗、压力开关等。

实际工程中，需根据设计图纸，按实核对湿式报警装置构成是否与清单规范中所列一致，如有不同构件，应做调整，如压力表种类及数量，漏斗是否设置等。图4-2为湿式报警阀组。

湿式报警阀
工作原理

图4-2 湿式报警阀组

干湿两用报警装置包括：两用阀、蝶阀、装配管、加速器、加速器压力表、供水压力表、试验阀、泄放试验阀（湿式、干式）、挠性接头、泄放试验管、试验管流量计、排气阀、截止阀、漏斗、过滤器、延时器、水力警铃、压力开关等。

电动雨淋报警装置包括：雨淋阀、蝶阀、装配管、压力表、泄放试验阀、流量表、截止阀、注水阀、止回阀、电磁阀、排水阀、手动应急球阀、报警试验阀、漏斗、压力开关、过滤器、水力警铃等。

预作用报警装置包括：报警阀、控制蝶阀、压力表、流量表、截止阀、排放阀、注水阀、止回阀、泄放阀、报警试验阀、液压切断阀、装配管、供水检验管、气压开关、试压电磁阀、空压机、应急手动试压器、漏斗、过滤器、水力警铃等。

④ 感温式水幕装置，包括给水三通至喷头、阀门间的管道、管件、阀门、喷头等全部内容的安装。

⑤ 末端试水装置，包括压力表、控制阀等附件安装。末端试水装置安装中不含连接管及排水管安装，其工程量并入消防管道。

室内消火栓安装图集

⑥ 室内消火栓，包括消火栓箱、消火栓、水枪、水龙头、水龙带接口、自救卷盘、挂架、消防按钮；落地消火栓箱包括箱内手提灭火器。图4-3和图4-4分别为单栓和双栓消火栓安装示意。

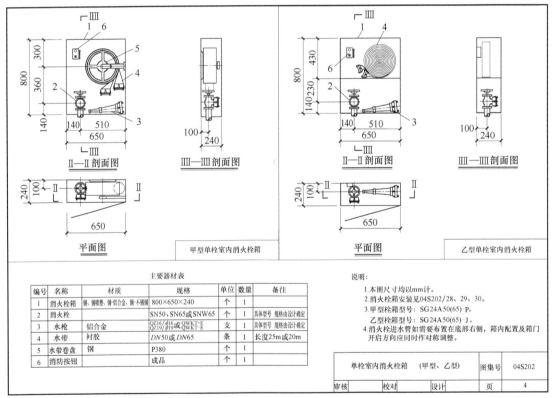

图4-3 单栓消火栓安装示意

⑦ 室外消火栓安装分地上式、地下式；地上式消火栓安装包括地上式消火栓、法兰接管、弯管底座；地下式消火栓安装包括地下式消火栓、法兰接管、弯管底座或消火栓三通。

⑧ 消防水泵结合器，包括法兰接管及弯头安装，接合器井内阀门、弯管底座，标牌等附件

安装(图4-5~图4-7)。

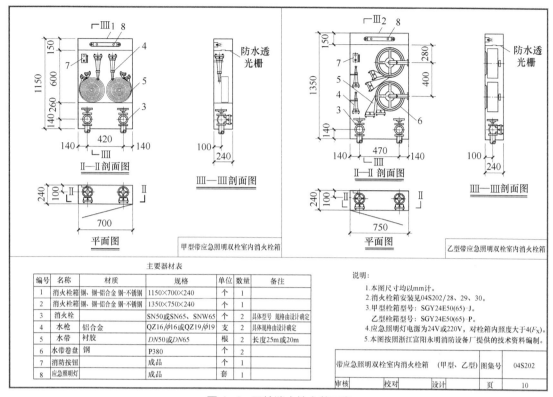

图4-4 双栓消火栓安装示意

图4-5 地上式水泵接合器

图4-6 墙壁式水泵接合器

图4-7 地下式水泵接合器

⑨ 减压孔板若在法兰内安装,其法兰计入组价中。

⑩ 消防水炮:分普通手动水炮、智能控制水炮。

⑪ 水灭火控制装置调试,自动喷洒系统按水流指示器数量以点(支路)计算;消火栓系统按消火栓启泵按钮数量以点计算;消防水炮系统按水炮数量以点计算。

(3)水灭火消防系统工程清单计算规范相关问题及说明

① 管道界限的划分

a. 喷淋系统水灭火管道：室内外界限应以建筑物外墙皮 1.5m 为界，入口处设阀门者以阀门为界；消防泵房管道以泵房外墙皮为界；室外消防管道执行《浙江省通用安装工程预算定额》（2018 版）第十册《给排水、采暖、燃气工程》定额。

b. 与市政给水管道的界限：以与市政给水管道碰头点（井）为界（图 4-8）。

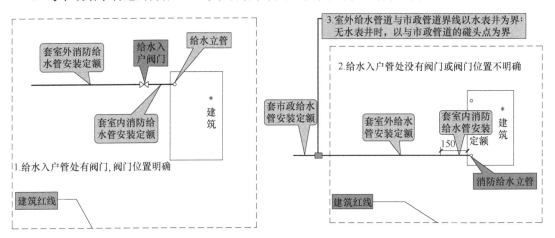

图 4-8 给水管道室内外界限划分示意

【例 4-1】某住宅小区消火栓室外管网采用镀锌钢管螺纹连接，其消火栓室外管道应执行（　　）定额。

A. 第九册《消防设备安装工程》水喷淋镀锌钢管螺纹连接

B. 第九册《消防设备安装工程》消火栓镀锌钢管螺纹连接

C. 第十册《给排水、采暖、燃气工程》室外镀锌钢管螺纹连接

D. 第十册《给排水、采暖、燃气工程》室内镀锌钢管螺纹连接

【答案】C

【解析】《浙江省通用安装工程预算定额》（2018 版）第九册 P4：室外消防管道执行第十册《给排水、采暖、燃气工程》中室外给水管道安装相应定额。

② 消防管道如需进行探伤，应按《通用安装工程工程量计算规范》附录 H 工业管道工程相关项目编码列项。

③ 消防管道上的阀门、管道及设备支架、套管制作安装，应按《通用安装工程工程量计算规范》附录 K 给排水、采暖、燃气工程相关项目编码列项。

④ 本章管道及设备除锈、刷油、保温除注明者外，均应按《通用安装工程工程量计算规范》附录 M 刷油、防腐蚀、绝热工程相关项目编码列项。

⑤ 消防工程措施项目，应按《通用安装工程工程量计算规范》附录 N 措施项目相关项目编码列项。

（4）水灭火消防系统清单规范项目特征。"项目特征"中要求描述的安装部位：管道是指室内、室外，如管道安装高度复合操作高度增加费计取，项目特征的部位描述还需注明其安装高度数据；如管道安装在管井、管廊等有定额换算的位置，则项目特征描述应加以描述；消火栓

是指室内、室外、地上、地下；消防水泵接合器是指地上、地下、壁挂等。要求描述的型号规格：管道是指口径（一般为公称直径，无缝钢管应按外径及壁厚表示）；阀门是指阀门的型号，如 Z41T-10-50、J11T-16-25；报警装置是指湿式报警、干湿两用报警、电动雨淋报警、预作用报警等；连接形式是指螺纹连接、焊接或法兰连接。

4.1.2 水灭火消防系统工程预算定额相关知识与定额应用

4.1.2.1 定额相关知识

（1）定额内容。水灭火消防系统使用《浙江省通用安装工程预算定额》（2018版）第九册《消防设备安装工程》、第十册《给排水、采暖、燃气工程》及第十三册《通用项目和措施项目工程》。第九册定额共五章，其中水灭火消防系统有关的为第一章水灭火系统和第五章消防系统调试。

消防工程定额

（2）适用范围。第九册《消防设备安装工程》第一章和第五章定额适用于新建、扩建、改建项目中的水灭火消防工程。

（3）下列内容执行其他册相应定额。

① 阀门、稳压装置、消防水箱安装，执行本定额第十册《给排水、采暖、燃气工程》相应定额。

② 各种消防泵安装，执行《浙江省通用安装工程预算定额》（2018版）第一册《机械设备安装工程》相应定额。

③ 不锈钢管和管件、铜管和管件及泵房间管道安装，管道系统强度试验、严密性试验执行《浙江省通用安装工程预算定额》（2018版）第八册《工业管道工程》相应定额。

④ 刷油、防腐蚀、绝热工程，执行《浙江省通用安装工程预算定额》（2018版）第十二册《刷油、防腐蚀、绝热工程》相应定额。

⑤ 各种仪表的安装，执行《浙江省通用安装工程预算定额》（2018版）第六册《自动化控制仪表安装工程》的相应定额。带电讯号的阀门、水流指示器、压力开关、驱动装置及泄漏报警开关的接线、校线等执行第六册"继电线路报警系统4点以下"子目，定额基价乘以系数0.2。

【例4-2】某自动喷淋给水工程，电磁信号阀 DN100mm，螺纹法兰连接，则其清单如何组价？

解：电磁信号阀清单综合单价包含阀体安装和接校线两项内容。

定额子目包括：10-2-33+6-5-81 基价 ×0.2

⑥ 各种套管、支架的制作与安装，执行《浙江省通用安装工程预算定额》（2018版）第十三册《通用项目和措施项目工程》的相应定额。

（4）本册定额各项费用的规定

① 脚手架搭拆费。脚手架搭拆费是指施工需要的各种脚手架搭、拆、运输费用及脚手架的摊销（或租赁）费用。

水灭火系统消防工程的脚手架搭拆费可按第十三册《通用项目和措施项目工程》第二章措施项目工程相应定额子目（13-2-9）计算，以"工日"为计量单位。

② 建筑物超高增加费。建筑物超高增加费是指施工中施工高度超过6层或20m的人工降效，以及材料垂直运输增加的费用。

层数指设计的层数（含地下室、半地下室的层数）。阁楼层、面积小于标准层30%的顶层及层高在2.2m以下的地下室或技术设备层不计算层数。

高度指建筑物从地下室设计标高至建筑物檐口底的高度，不包括突出屋面的电梯机房、屋顶亭子间及屋顶水箱的高度等。

水灭火系统消防工程的建筑物超高增加费可按第十三册《通用项目和措施项目工程》第二章措施项目工程相应定额子目（13-2-54～13-2-63）计算，以"工日"为计量单位。

③ 操作高度增加费。水灭火系统操作高度增加指操作物高度距离楼地面5m以上的分部分项工程，按照其超过部分高度，选取第十三册《通用项目和措施项目工程》第二章措施项目工程相应定额子目（13-2-86、13-2-87）计算，以"工日"为计量单位。

4.1.2.2 水灭火消防系统工程的定额应用

水灭火消防系统工程的定额指第九册《消防设备安装工程》第一章水灭火系统定额，以下"本章"指第一章内容。

（1）内容及适用范围。本章内容包括水喷淋管道、消火栓管道、水喷淋（雾）喷头、报警装置、水流指示器、温感式水幕装置、减压孔板、末端试水装置、集热板、消火栓、消防水泵结合器、灭火器、消防水炮等安装。

本章适用于工业和民用建（构）筑物设置的水灭火系统的管道、各种组件、消火栓、消防水炮等的安装。

（2）管道安装相关规定

① 钢管（法兰连接）定额中包括管件及法兰安装，但管件、法兰数量应按设计图纸用量另行计算，螺栓按设计用量加3%损耗计算。

② 若设计或规范要求钢管需要热镀锌，其热镀锌及场外运输费用另行计算。

③ 消火栓管道采用钢管（沟槽连接或法兰连接）时，执行水喷淋钢管相关定额项目。

管道沟槽连接，管件及夹箍按实计取（表4-2、表4-3）。

管道沟槽连接施工工艺

表4-2 沟槽管件及夹箍图示

90°沟槽弯头	沟槽四通	沟槽三通	沟槽异径管	沟槽夹箍

续表

沟槽螺纹三通	沟槽螺纹三通	机械式挖孔三通	机械式挖孔四通	沟槽螺纹异径管

表4-3　机械三通、机械四通开孔尺寸　　　　　　　　　　　　　　　　　　　　mm

主管管径	机械三通支管管径	机械四通支管管径
50	≤25	—
65	40	≤32
80	40	40
100	65	50
125	65	65
150	80	80
200	125	100
250	150	100
300	200	100

④ 管道安装定额均包括一次水压试验、一次水冲洗，如发生多次试压及冲洗，执行《浙江省通用安装工程预算定额》（2018版）第十册《给排水、采暖、燃气工程》相关定额。

⑤ 设置于管道间、管廊内的管道、法兰、阀门、支架安装，其定额人工乘以系数1.2。

⑥ 弧形管道安装执行相应管道安装定额，其定额人工、机械乘以系数1.4。

⑦ 管道预安装（即二次安装，指确实需要且实际发生管子吊装上去进行点焊预安装，然后拆下来，经镀锌后再二次安装的部分），其人工费乘以系数2.0。

⑧ 喷头追位增加的弯头主材按实计算，其安装费不另计。

（3）其他有关说明

① 报警装置安装项目，定额中已包括装配管、泄放试验管及水力警铃出水管安装，水力警铃进水管按图示尺寸执行管道安装相应项目；其他报警装置适用于雨淋、干湿两用及预作用报警装置。

② 水流指示器（马鞍型连接）项目，主材中包括胶圈、U形卡。

③ 喷头、报警装置及水流指示器安装定额均按管网系统试压、冲洗合格后安装考虑，定额中已包括丝堵、临时短管的安装、拆除及摊销。

④ 温感式水幕装置安装定额中已包括给水三通至喷头、阀门间的管道、管件、阀门、喷头等全部安装内容，但管道的主材数量按设计管道中心长度另加损耗计算；喷头数量按设计数量另加损耗计算。

⑤ 集热板安装项目，主材中应包括所配备的成品支架。

⑥ 室内消火栓箱箱体暗装时，钢丝网及砂浆抹面执行《浙江省房屋建筑与装饰工程预算定额》（2018版）的相应项目。

⑦ 组合式消防柜安装，执行室内消火栓安装的相应定额项目，基价乘以系数 1.1。

⑧ 末端试水装置安装定额中已包括 2 个阀门、1 套压力表（带表弯、旋塞）的安装费。

实际工程中，大部分末端试水装置设置有排水漏斗，如图 4-9 所示，则漏斗需另外计量、计价，且漏斗后连接管道直径较试水阀段要大。根据《通用安装工程量清单计价规范》（GB 50856—2013）中规定，末端试水装置安装中不含连接管及排水管安装，其工程量并入消防管道。

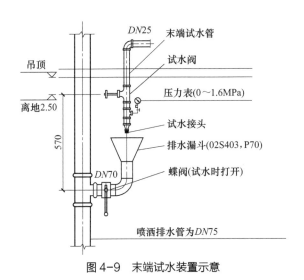

图 4-9　末端试水装置示意

⑨ 单个试火栓安装参照《浙江省通用安装工程预算定额》（2018 版）第十册《给排水、采暖、燃气工程》阀门安装相应定额项目，试火栓带箱安装执行室内消火栓安装定额项目。

 知识拓展

试验用消火栓：设有室内消火栓的建筑应设置带有压力表的试验消火栓。用来检测消防水泵是否在本规范规定的时间内自动启动；并测试其出流量、压力和充实水柱的长度；并应根据消防水泵的性能曲线核实消防水泵供水能力。每栋有消火栓的建筑均要设置。

⑩ 室外消火栓、消防水泵接合器安装，定额中包括法兰接管及弯管底座（消火栓三通）的安装，本身价值另行计算。

⑪ 消防水炮安装定额中仅包括本体安装，不包括型钢底座制作安装和混凝土基础砌筑；型钢底座制作安装执行《浙江省通用安装工程预算定额》（2018 版）第十三册《通用项目和措施项目工程》设备支架制作安装相应项目，混凝土基础执行《浙江省房屋建筑与装饰工程预算定额》（2018 版）的有关定额。

（4）工程量计算规则

① 管道安装按设计图示管道中心线长度以"m"为计量单位。不扣除阀门、管件及各种组件所占长度，管件含量见水喷淋镀锌钢管接头管件（丝接）含量、消火栓镀锌钢管接头管件（丝接）含量（图 4-10、表 4-4、表 4-5）。

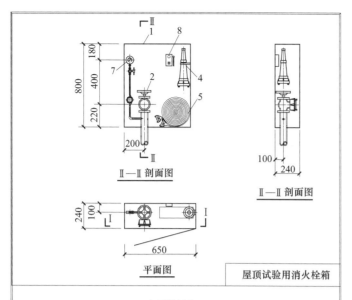

图 4-10 试验用消火栓安装图及实物图

表 4-4 水喷淋镀锌钢管接头管件（丝接）含量

10m

材料名称	公称直径/mm 以内						
	25	32	40	50	70	80	100
	含量/个						
四通	0.02	1.20	1.20	1.20	1.20	1.60	2.00
三通	2.29	3.24	3.03	2.50	2.00	2.00	0.50
弯头	4.92	0.98	0.10	0.10	0.08	0.06	0.20
管箍	—	2.65	1.25	1.25	1.25	1.25	1.00
异径管箍	—	—	3.03	3.03	3.03	2.50	1.50
小计	7.23	8.07	8.61	8.08	7.56	7.41	5.20

表 4-5 消火栓镀锌钢管接头管件（丝接）含量

10m

材料名称	公称直径/mm 以内			
	50	70	80	100
	含量/个			
三通	1.85	1.64	0.90	0.50
弯头	2.47	1.87	1.23	1.10
管箍	1.25	1.25	1.25	1.25
异径管箍	1.00	1.20	0.86	1.02
小计	6.57	5.96	4.24	3.87

② 喷头、水流指示器、减压孔板按设计图示数量计算。按安装部位、方式、分规格以"个"为计量单位。

③ 报警装置、消火栓、消防水泵接合器均按设计图示数量计算，分形式按成套产品以"套""组"为计量单位。

④ 末端试水装置按设计图示数量计算，分规格以"组"为计量单位。

⑤ 温感式水幕装置安装以"组"为计量单位。

⑥ 灭火器按设计图示数量计算，分形式以"套、组"为计量单位。

⑦ 消防水炮按设计图示数量计算，分规格以"台"为计量单位。

⑧ 集热板安装按设计图示数量计算，以"套"为计量单位。

⑨ 成套产品包括内容见表 4-6。

表 4-6 成套产品包括内容

序号	项目名称	包括内容
1	湿式报警装置	湿式阀、供水压力表、装置压力表、试验阀、泄放试验阀、试验管流量计、过滤器、延时器、水力警铃、报警截止阀、漏斗、压力开关
2	干湿两用报警装置	两用阀、装置截止阀、加速器、加速器压力表、供水压力表、试验阀、泄放阀、泄放试验阀（湿式）、泄放试验阀（干式）、挠性接头、试验管流量计、排气阀、截止阀、漏斗、过滤器、延时器、水力警铃、压力开关
3	电动雨淋报警装置	雨淋阀、压力表、泄放试验阀、流量表、截止阀、注水阀、止回阀、电磁阀、排水阀、应急手动球阀、报警试验阀、漏斗、压力开关、过滤器、水力警铃
4	预作用报警装置	干式报警阀、压力表（2块）、流量表、截止阀、排放阀、注水阀、止回阀、泄放阀、报警试验阀、液压切断阀、气压开关（2个）、试压电磁阀、应急手动试压阀、漏斗、过滤器、水力警铃
5	室内消火栓	消火栓箱、消火栓、水枪、水龙带、水龙带接扣、挂架
6	室外消火栓	消火栓、法兰接管、弯管底座或消火栓三通
7	室内消火栓（带自动卷盘）	消火栓箱、消火栓、水枪、水龙带、水龙带接扣、挂架、消防软管卷盘、球阀
8	消防水泵接合器	消防接口本体、止回阀、安全阀、闸（蝶）阀、弯管底座、标牌

任务4.2

水灭火消防系统工程量计算

4.2.1 工程图纸识读

4.2.1.1 识图步骤

（1）全面熟悉施工图纸，了解设计意图和工程全貌。图纸识读过程也是对图纸的再审查过程。根据图纸目录，检查施工图、标准图等是否齐全，如有短缺，应补齐。对设计中的错误、遗漏可提交设计单位改正、补充。对于不清楚之处，可通过技术交底或联系单解决。

（2）读设计说明（或施工说明）。了解设计意图，施工要求，系统的主要内容，系统中管道、阀门的连接方式，设备的规格型号、安装要求等内容，建筑的层高（或设备的安装高度），同时搞清熟记图例文字符号和设备的类型与型号。

（3）读系统图。了解系统中的工艺流程，管道与管道、管道与设备，以及设备与设备之间的连接关系，在这些连接环节中管道与阀门的型号、规格等内容都是标注在系统图上的。系统图中的尺寸规格往往只在管道的变化点或其附近标注，不是每个位置都有标注，在此之间所安装的阀门、法兰、水流指示器等的尺寸规格与管道的尺寸规格相同。在系统图中同时标注水平管道与垂直管道变化点的标高尺寸（有时水平主管道的标高尺寸在设计说明中注明）。

（4）读平面图。结合系统图读平面图，明确系统中设备的安放位置，管道在空间的走向等内容，同时注意建筑中的轴线尺寸及设备之间的轴线尺寸。

4.2.1.2 图纸识读顺序

水灭火消防工程施工图纸的识读可以按照引入管→水平干管→立管→支管→消火栓的顺序进行。在识读中关注管线走向、分支点、变径点、标高、管径等管道属性，并确定阀门、套管等管道附件属性。

常用水灭火消防工程图例见表 4-7。

表 4-7 常用水灭火消防工程图例

序号	名称	图例	备注	序号	名称	图例	备注
1	消火栓给水管	——XH——		10	自动喷洒头（闭式）	平面／系统	上下喷
2	自动喷水灭火给水管	——ZP——		11	侧墙式自动喷洒头	平面／系统	
3	室外消火栓			12	侧喷式喷洒头	平面／系统	
4	室内消火栓（单口）	平面 系统	白色为开启面	13	雨淋灭火给水管	——YL——	
5	室内消火栓（双口）	平面 系统		14	水幕灭火给水管	——SM——	
6	水泵接合器			15	水炮灭火给水管	——SP——	
7	自动喷洒头（开式）	平面／系统		16	干式报警阀	平面／系统	
8	自动喷洒头（闭式）	平面／系统	下喷	17	水炮		
9	自动喷洒头（闭式）	平面／系统	上喷	18	湿式报警阀	平面／系统	

续表

序号	名称	图例	备注	序号	名称	图例	备注
19	预作用报警阀	平面 / 系统		23	雨淋阀	平面 / 系统	
20	遥控信号阀			24	末端测试阀	平面 / 系统	
21	水流指示器			25	末端测试阀	▲	
22	水力警铃			26	推车式灭火器	▲	

注：分区管道用加注角标方式表示：如 XH1、XH2、ZP1、ZP2、…。

4.2.2 水灭火消防系统工程量计算案例

4.2.2.1 工程基本概况

表 4-8、图 4-11～图 4-14 为某市办公大厦消火栓和自动喷水灭火系统的一部分。

（1）消火栓和喷淋系统均采用热镀锌钢管。消火栓水喷淋灭火系统管道采用螺纹连接。

（2）消火栓系统采用 SN65 普通型单栓消火栓，19mm 水枪一支，25m 长衬里麻织水带一条，消火栓箱内设有启泵按钮。消火栓及水喷淋灭火系统各设室外水泵接合器一个，型号：SQX 型，DN100mm，安装形式采用地下式。

（3）消防水管穿地下室外墙设刚性防水套管，穿墙和楼板时设一般钢套管；水平管在吊顶内敷设。

（4）施工完毕，整个系统应进行静水压力试验，系统工作压力消火栓为 0.40MPa；喷淋系统为 0.55MPa。试验压力消火栓系统为 0.675MPa；喷淋系统为 1.40MPa。

（5）图中标高均以米计，其他尺寸标注均以毫米计。

（6）本图中阀门除排气阀采用螺纹连接外，其他阀门均采用螺纹法兰连接。

（7）防腐刷油：消火栓系统热镀锌钢管刷醇酸磁漆两道，水喷淋灭火系统暂不计取防腐刷油工程量。

（8）本例暂不计管道支架制作安装及其防腐刷油等工作内容。

（9）未尽事宜执行现行施工及验收规范的有关规定。

表 4-8 水灭火系统图例

名称	图例
消防管	—— XH1 —— XH
喷淋管	—— ZP —— ZP

续表

名称	图例
室内消火栓	▬◢ ⌀
橡胶软接头	─○─
止回阀	─◁─
截止阀	─┬─ ─▷◁─
湿式报警装置	⊙（平面图） ▽（系统图）
闸阀	─▷◁─
蝶阀	─▱─
自动放气阀	⍯
电磁信号阀	─▷◁─
水流指示器	─Ⓛ─
水喷头	○（平面图） ▽（系统图）
压力表	⌀

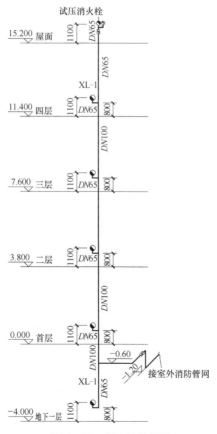

图 4-11 消火栓系统图

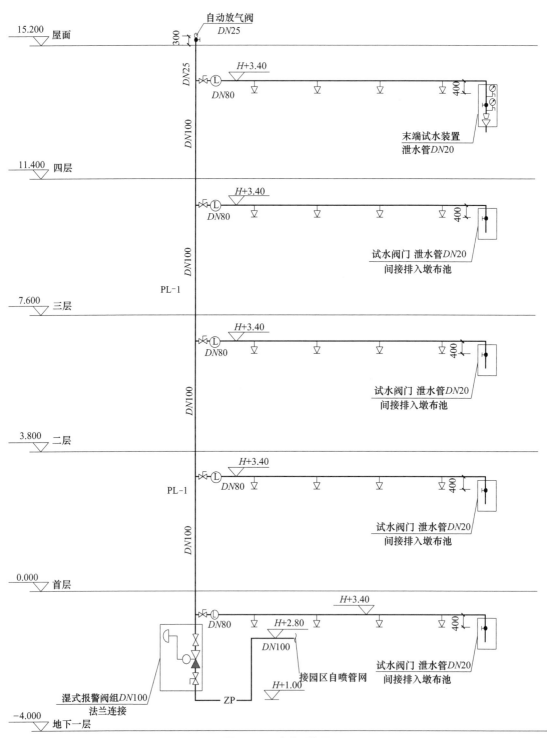

图 4-12 喷淋系统图

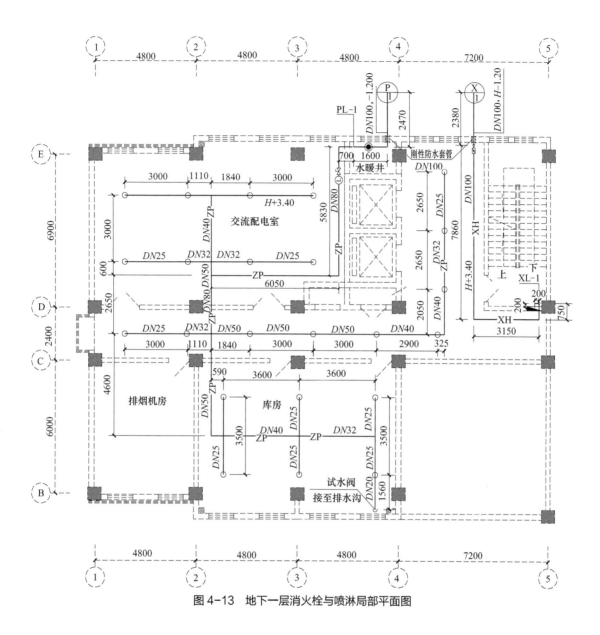

图 4-13 地下一层消火栓与喷淋局部平面图

4.2.2.2 工程量计算与清单

任务要求：按照《通用安装工程工程量计算规范》（GB 50856—2013）、《浙江省建设工程计价规则》（2018版）、《浙江省通用安装工程预算定额》（2018版）的内容列项、计算消火栓及自动喷水灭火系统工程量。

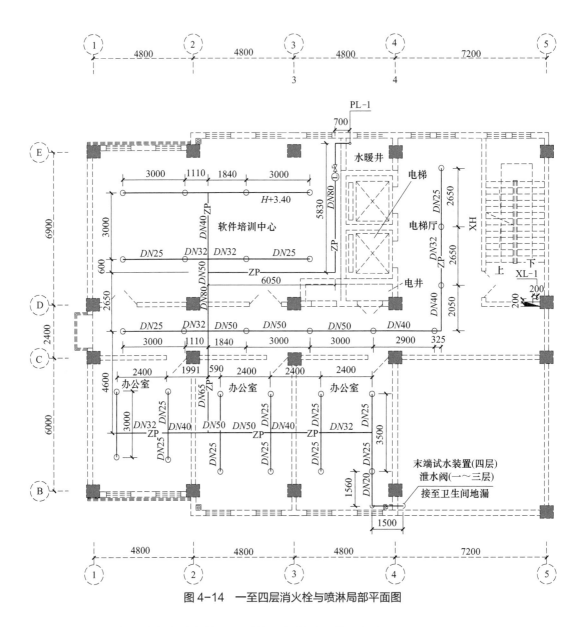

图 4-14 一至四层消火栓与喷淋局部平面图

第一步:分块计算室内消火栓灭火系统工程数量,结果如表 4-9 所示。

表 4-9 某办公大厦消火栓系统工程量计算表

序号	项目部位、名称	单位	数量	计算式
1	消火栓系统热镀锌钢管螺纹连接,DN100mm	m	27.54	2.38(引入管阀门处进入外墙内立管水平长度)+(1.20-0.6)(立管垂直高差)+(7.86+3.15+0.75)(管子在 H+3.40 处水平长度)+(0.6+11.4+0.8)(XL-1 立管长度)=27.54
2	消火栓系统热镀锌钢管螺纹连接,DN65mm	m	10.2	(4-0.8-0.6)+(1.1-0.8)(地下室消火栓支立管)+(0.2+0.2)(地下室消火栓水平支管)+(0.2+0.2)×4(一~四层消火栓水平支管)+(1.1-0.8)×4(一~四层消火栓支立管)+(3.8-0.8+1.1)(四层消火栓横支管~屋面试压消火栓立管)=9.8

续表

序号	项目部位、名称		单位	数量	计算式
3	螺纹法兰蝶阀，$DN100mm$		个	1	地下室水平干管处
4	螺纹法兰蝶阀，$DN65mm$		个	1	屋面试压消火栓处
5	单栓消火栓，暗装		套	5	1+4=5（地下室1套，一～四层各1套）
6	试压消火栓（带箱体）		套	1	1（屋面）
7	SQX室外水泵接合器型，$DN100mm$，地下式		组	1	1
8	套管	刚性防水套管制作、安装穿墙，$DN100mm$	个	1	1个（地下室外墙）
		刚性防水套管制作、安装出屋面，$DN65mm$	个	1	1（XL-1出屋面）
9		一般钢套管制作、安装，穿墙，$DN150mm$	个	1	1（地下室）
10		一般钢套管制作、安装，穿楼板，$DN150mm$	个	4	一～四层XL-1穿楼板
11	管道刷油（醇酸磁漆两道）		m^2	12.28	27.54×0.358+10.2×0.237（查取管道刷油保温计算表）
12	消火栓系统控制装置调试		点	5	5（根据消火栓按钮数量计取）

第二步：分块计算水喷淋灭火系统工程数量，结果如表4-10所示。

表4-10 某办公大厦水喷淋灭火系统工程量计算表

序号	项目部位、名称	单位	数量	计算式
1	水喷淋灭火系统镀锌钢管，螺纹连接，$DN100mm$	m	2.47	2.47（埋地引入管：室外阀门井至水暖井立管）
2	水喷淋灭火系统镀锌钢管，螺纹连接，$DN100mm$（水暖井内敷设）	m	21.20	（2.8-1.0）（引入管至湿式报警阀组立管，见系统图）+1.6（引入管至湿式报警阀组立管至PL-1水平高，见地下室平面图）+（4-1+11.4+3.4）（PL-1立管，见系统图）
3	水喷淋灭火系统镀锌钢管，螺纹连接，$DN80mm$	m	76.15	（0.7+5.83+6.05+2.65）（地下室水平管）+（0.7+5.83+6.05+2.65）×4（一～四层水平管）
4	水喷淋灭火系统镀锌钢管，螺纹连接，$DN65mm$	m	18.40	4.6×4（一～四层水平管）
5	水喷淋灭火系统镀锌钢管，螺纹连接，$DN50mm$	m	59.35	（0.6+1.84+3+3+4.6+0.59）（地下室水平管）+（0.6+1.84+3+3+0.59+2.4）×4（一～四层水平管）
6	水喷淋灭火系统镀锌钢管，螺纹连接，$DN40mm$	m	62.54	（3+3.6+2.9+0.325+2.05）（地下室水平管）+（3+1.991+2.4+2.9+0.325+2.05）×4（一～四层水平管）
7	水喷淋灭火系统镀锌钢管，螺纹连接，$DN32mm$	m	80.15	（1.1×3+1.84×3+3.6+2.65）（地下室水平管）+（1.1×3+1.84×3+2.4+2.4+2.65）×4（一～四层水平管）
8	水喷淋灭火系统镀锌钢管，螺纹连接，$DN25mm$	m	92.60	（3×3×2+3.5×3+2.65）（地下室水平管）+（3×3×2+3×2+3.5×4+2.65）（一～四层水平管）+0.4×（23+29）（喷淋头短立管，见系统图）
9	水喷淋灭火系统镀锌钢管，螺纹连接，$DN20mm$	m	30.80	（1.56+3.4）（地下室水平管、立管）+（1.56+1.5+3.4）×4（一～四层水平管、立管）
10	湿式报警装置，$DN100mm$	组	1.00	1
11	SQX型室外水泵接合器型，$DN100mm$，地下式	组	1	1
12	一般钢套管制作、安装，穿楼板，$DN150mm$	个	4	PL-1立管穿一～四层楼板处

续表

序号	项目部位、名称	单位	数量	计算式
13	一般钢套管制作、安装，穿墙，$DN125mm$	个	10	1×5（地下一~四层$DN80mm$管穿水暖井墙体部位）+1×5（地下一~四层$DN80mm$管D轴墙体部位）
14	一般钢套管制作、安装，穿墙，$DN100mm$	个	4	1×4（一~四层$DN65mm$管穿C轴墙体部位）
15	一般钢套管制作、安装，穿墙，$DN80mm$	个	1	1×4（地下一层$DN50mm$管穿C轴墙体部位）
16	一般钢套管制作、安装，穿墙，$DN65mm$	个	8	2×4（一~四层$DN40mm$管穿2、3轴墙体部位）
17	一般钢套管制作、安装，穿墙，$DN50mm$	个	4	1×4（一~四层$DN20mm$试水阀水管穿4轴墙体部位）
18	刚性防水套管制作、安装，穿墙，$DN100mm$	个	1	引入管穿地下室外墙
19	刚性防水套管制作、安装，穿屋面，$DN25mm$	个	1	自动排气阀接管出屋面
20	水流指示器，螺纹法兰连接，$DN80mm$	个	5	5
21	电磁信号阀，$DN80mm$	个	5	5
22	末端试水装置，$DN20mm$	组	1	1
23	末端试水阀，螺纹连接，$DN20mm$	组	4	1×4
24	自动排气阀，螺纹连接，$DN25mm$	个	1	1
25	截止阀，螺纹连接，$DN25mm$	个	1	1
26	无吊顶式喷头	个	52	23（地下一层）+29（一~四层）
27	水喷淋灭火系统控制装置调试	点	5	5（根据水流指示器数量计取）

第三步：根据清单规范及定额相关内容，遵循管道、设备及附件的属性（规格型号、材质、部位、管道及附件连接方式、设备安装方式等）相同原则，安装清单规范所列工程量清单顺序，汇总计算消火栓和水喷淋灭火系统工程量，结果如表4-11所列。

表4-11 某办公大厦消火栓与水喷淋灭火系统工程量汇总

序号	项目部位、名称	单位	数量	计算式	主材除税价
1	水喷淋灭火系统镀锌钢管，螺纹连接，$DN100mm$	m	2.47	2.47	49.52元/m
2	水喷淋灭火系统镀锌钢管，螺纹连接，$DN100mm$（水暖井内敷设）	m	21.20	21.20	49.52元/m
3	水喷淋灭火系统镀锌钢管，螺纹连接，$DN80mm$	m	76.15	76.15	41.35元/m
4	水喷淋灭火系统镀锌钢管，螺纹连接，$DN65mm$	m	18.40	18.40	32.69元/m
5	水喷淋灭火系统镀锌钢管，螺纹连接，$DN50mm$	m	59.35	59.35	25.10元/m
6	水喷淋灭火系统镀锌钢管，螺纹连接，$DN40mm$	m	62.54	62.54	20.50元/m
7	水喷淋灭火系统镀锌钢管，螺纹连接，$DN32mm$	m	80.15	80.15	16.20元/m
8	水喷淋灭火系统镀锌钢管，螺纹连接，$DN25mm$	m	92.60	92.60	11.7元/m
9	水喷淋灭火系统镀锌钢管，螺纹连接，$DN20mm$	m	30.80	30.80	10.9元/m
10	消火栓系统热镀锌钢管，螺纹连接，$DN100mm$	m	27.54	27.54	49.52元/m
11	消火栓系统热镀锌钢管，螺纹连接，$DN65mm$	m	10.2	10.20	32.69元/m
12	无吊顶式喷头	个	52	52	18元/个
13	湿式报警装置，$DN100mm$	组	1	1	880元/组

续表

序号	项目部位、名称	单位	数量	计算式	主材除税价
14	水流指示器，螺纹法兰连接，$DN80mm$	个	5	5	240元/个，法兰$DN80mm$：39元/片
15	末端试水装置$DN20mm$	组	1	1	750元/组
16	室内单栓消火栓 嵌墙安装	套	5	5	470元/套
17	试压消火栓（带箱体）	套	1	1	220元/套
18	SQX型室外水泵接合器型，$DN100mm$，地下式	组	2	1+1	889.6元/套
19	刚性防水套管制作、安装，穿墙，$DN100mm$	个	2	1+1	焊接钢管$DN100mm$：3.75元/kg；中厚钢板3.7元/kg
20	刚性防水套管制作、安装，出屋面，$DN65mm$	个	1	1	焊接钢管$DN65mm$：2.55元/kg；中厚钢板3.7元/kg
21	刚性防水套管制作、安装，出屋面，$DN25mm$	个	1	1	焊接钢管$DN25mm$：1.05元/kg；中厚钢板3.7元/kg
22	一般钢管套管，穿墙，$DN150mm$	个	2	2	69.19元/m
23	一般钢管套管，穿楼板，$DN150mm$	个	8	4+4	69.19元/m
24	一般钢套管制作、安装，穿墙，$DN125mm$	个	10	10	59.50元/m
25	一般钢套管制作、安装，穿墙，$DN100mm$	个	4	4	49.52元/m
26	一般钢套管制作、安装，穿墙，$DN80mm$	个	1	1	41.35元/m
27	一般钢套管制作、安装，穿墙，$DN65mm$	个	8	8	32.69元/m
28	一般钢套管制作、安装，穿墙，$DN50mm$	个	4	4	25.10元/m
29	蝶阀，螺纹法兰连接，$DN100mm$	个	1	1	850元/个，法兰40元/片
30	蝶阀，螺纹法兰连接，$DN65mm$	个	1	12	650元/个，法兰40元/片
31	电磁信号阀，螺纹法兰连接，$DN80mm$	个	5	5	1350元/个，法兰40元/片
32	末端试水阀，螺纹连接，$DN20mm$	组	4	4	175元/个
33	截止阀，螺纹连接，$DN25mm$	个	1	1	210元/个
34	自动排气阀，螺纹连接，$DN25mm$	个	1	1	120元/个
35	管道刷油（醇酸磁漆两道）	m^2	12.28	12.28	11.29元/kg
36	消火栓系统控制装置调试	点	11	11	
37	水喷淋灭火系统控制装置调试	点	5	5	

任务4.3

消火栓和水喷淋灭火系统清单编制与综合单价分析

第一步：根据任务4.2中的工程量计算汇总结果，按现行的《通用安装工程工程量计算规范》（GB 50856—2013）附录J，编制本工程分部分项工程量清单，结果如表4-12所列。

表 4-12 某办公大厦喷淋工程分部分项工程量清单

序号	项目编码	项目名称	项目特征	计量单位	工程量
1	030901001001	水喷淋钢管	①安装部位：室内 ②材质、规格：镀锌钢管，$DN100mm$ ③连接方式：螺纹连接 ④压力试验及冲洗设计要求：压力试验、水冲洗	m	2.47
2	030901001002	水喷淋钢管	①安装部位：室内水暖井内 ②材质、规格：镀锌钢管，$DN100mm$ ③连接方式：沟槽连接 ④压力试验及冲洗设计要求：压力试验、水冲洗	m	21.20
3	030901001003	水喷淋钢管	①安装部位：室内 ②材质、规格：镀锌钢管，$DN80mm$ ③连接方式：螺纹连接 ④压力试验及冲洗设计要求：压力试验、水冲洗	m	76.15
4	030901001004	水喷淋钢管	①安装部位：室内 ②材质、规格：镀锌钢管，$DN65mm$ ③连接方式：螺纹连接 ④压力试验及冲洗设计要求：压力试验、水冲洗	m	18.40
5	030901001005	水喷淋钢管	①安装部位：室内 ②材质、规格：镀锌钢管，$DN50mm$ ③连接方式：螺纹连接 ④压力试验及冲洗设计要求：压力试验、水冲洗	m	59.35
6	030901001006	水喷淋钢管	①安装部位：室内 ②材质、规格：镀锌钢管，$DN40mm$ ③连接方式：螺纹连接 ④压力试验及冲洗设计要求：压力试验、水冲洗	m	62.54
7	030901001007	水喷淋钢管	①安装部位：室内 ②材质、规格：镀锌钢管，$DN32mm$ ③连接方式：螺纹连接 ④压力试验及冲洗设计要求：压力试验、水冲洗	m	80.15
8	030901001008	水喷淋钢管	①安装部位：室内 ②材质、规格：镀锌钢管，$DN25mm$ ③连接方式：螺纹连接 ④压力试验及冲洗设计要求：压力试验、水冲洗	m	92.60
9	030901001009	水喷淋钢管	①安装部位：室内 ②材质、规格：镀锌钢管，$DN20mm$ ③连接方式：螺纹连接 ④压力试验及冲洗设计要求：压力试验、水冲洗	m	30.80
10	030901002001	消火栓钢管	①安装部位：室内 ②材质规格：镀锌钢管，$DN100mm$ ③连接方式：螺纹连接 ④压力试验及冲洗设计要求：压力试验、水冲洗	m	27.54

续表

序号	项目编码	项目名称	项目特征	计量单位	工程量
11	030901002002	消火栓钢管	①安装部位：室内安装 ②材质规格：镀锌钢管，DN65mm ③连接方式：螺纹连接 ④压力试验及冲洗设计要求：压力试验、水冲洗	m	10.20
12	030901003001	水喷淋（雾）喷头	①安装部位：室内 ②材质、型号、规格：DN20mm ③连接方式：顶板下，无吊顶	个	52
13	030901004001	报警装置	①名称：湿式报警阀组 ②型号、规格：DN100mm	组	1
14	030901006001	水流指示器	①规格、型号：DN100mm ②连接方式：沟槽法兰连接	个	5
15	030901008001	末端试水装置	①规格：DN20mm ②组装形式：压力表2个，试水阀1个，试水接头1个，漏斗1个	组	1
16	030901010001	室内消火栓	①安装方式：暗装 ②型号、规格：单栓 附件材质、规格：单阀、单枪，25m衬胶水龙带，消火栓栓口口径DN65mm，水枪口径DN19mm。消火栓箱内设有启泵按钮	套	11
17	030901010001	室内消火栓	①安装方式：明装 ②型号、规格：试压消火栓 附件材质、规格：单阀，消火栓栓口口径DN65mm，带箱体	套	1
18	030901012001	消防水泵接合器	①安装部位：地下式安装 ②型号、规格：SQX型，DN100mm ③附件材质、规格：规格为DN100mm的法兰接管、弯管、止回阀、放水阀、安全阀、闸阀、消防接口	套	2
19	031002003001	套管	①名称、类型：刚性防水套管，穿地下室外墙 ②规格：DN100mm	个	2
20	031002003002	套管	①名称、类型：刚性防水套管，出屋面 ②规格：DN65mm	个	1
21	031002003003	套管	①名称、类型：刚性防水套管，出屋面 ②规格：DN25mm	个	1
22	031002003004	套管	①名称、类型：普通钢管套管，穿墙 ②规格：DN150mm	个	1
23	031002003005	套管	①名称、类型：普通钢管套管，穿楼板 ②规格：DN150mm	个	8

续表

序号	项目编码	项目名称	项目特征	计量单位	工程量
24	031002003006	套管	①名称、类型：普通钢管套管，穿墙 ②规格：$DN125mm$	个	10
25	031002003007	套管	①名称、类型：普通钢管套管，穿墙 ②规格：$DN100mm$	个	4
26	031002003008	套管	①名称、类型：普通钢管套管，穿墙 ②规格：$DN80mm$	个	1
27	031002003009	套管	①名称、类型：普通钢管套管，穿墙 ②规格：$DN65mm$	个	8
28	031002003010	套管	①名称、类型：普通钢管套管，穿墙 ②规格：$DN50mm$	个	4
29	031003001001	螺纹阀门	①类型：末端试水阀门 ②规格：$DN25mm$ ③连接形式：螺纹连接	个	4
30	031003001001	螺纹阀门	①类型：截止阀 ②规格、压力等级：$DN25mm$ ③连接形式：螺纹连接	个	1
31	031003001003	螺纹阀门	①类型：自动排气阀门 ②规格、压力等级：$DN25mm$ ③连接形式：螺纹连接	个	1
32	031003002001	螺纹法兰阀门	①类型：蝶阀 ②规格：$DN100mm$ ③连接形式：螺纹法兰连接	个	1
33	031003002002	螺纹法兰阀门	①类型：蝶阀 ②规格：$DN65mm$ ③连接形式：螺纹法兰连接	个	1
34	031201001001	管道刷油	①油漆品种：涂醇酸磁漆 ②涂刷遍数、漆膜厚度：二道	m^2	12.28
35	030905002001	水灭火控制装置调试	系统形式：消火栓灭火系统	点	5
36	030905002001	水灭火控制装置调试	系统形式：自动喷水灭火系统	点	5

第二步：按照现行的《浙江省通用安装工程预算定额》（2018版）及工程量汇总计算表中给出的未计价材料除税价格，编制本工程的工程量清单综合单价分析表，企业管理费、利润按《浙江省建设工程计价规则》（2018版）中的一般计税法中值计取，风险费暂不计取。结果如表4-13所示。

表 4-13 综合单价计算表

工程名称：某办公大厦水灭火系统

序号	项目编码（定额编码）	清单（定额）项目名称	计量单位	数量	综合单价/元					小计	合计/元
					人工费	材料（设备）费	机械费	管理费	利润		
1	030901001001	水喷淋钢管	m	2.47	23.38	78.89	0.82	5.25	2.52	110.86	273.82
	9-1-7	镀锌钢管（螺纹连接）公称直径（mm 以内）100	10m	0.247	233.82	788.85	8.15	52.54	25.16	1108.52	273.80
2	030901001002	水喷淋钢管	m	21.20	28.06	78.89	0.82	6.27	3.00	117.04	2481.25
	9-1-7*A1.2 换	镀锌钢管（螺纹连接）公称直径（mm 以内）100 设置干管道同时	10m	2.12	280.58	788.85	8.15	62.70	30.02	1170.30	2481.04
3	030901001003	水喷淋钢管	m	76.15	20.63	67.27	0.90	4.68	2.24	95.72	7289.08
	9-1-6	镀锌钢管（螺纹连接）公称直径（mm 以内）80	10m	7.615	206.28	672.71	9.03	46.75	22.38	957.15	7288.70
4	030901001004	水喷淋钢管	m	18.40	19.48	49.88	0.79	4.40	2.11	76.66	1410.54
	9-1-5	镀锌钢管（螺纹连接）公称直径（mm 以内）65	10m	1.84	194.81	498.77	7.89	44.01	21.07	766.55	1410.45
5	030901001005	水喷淋钢管	m	59.35	19.05	35.25	0.80	4.31	2.06	61.47	3648.24
	9-1-4	镀锌钢管（螺纹连接）公称直径（mm 以内）50	10m	5.935	190.49	352.52	8.00	43.10	20.64	614.75	3648.54
6	030901001006	水喷淋钢管	m	62.54	18.62	26.95	0.87	4.23	2.03	52.70	3295.86
	9-1-3	镀锌钢管（螺纹连接）公称直径（mm 以内）40	10m	6.254	186.17	269.50	8.68	42.31	20.26	526.92	3295.36
7	030901001007	水喷淋钢管	m	80.15	16.54	21.41	0.61	3.72	1.78	44.06	3531.41
	9-1-2	镀锌钢管（螺纹连接）公称直径（mm 以内）32	10m	8.015	165.38	214.11	6.10	37.23	17.83	440.65	3531.81
8	030901001008	水喷淋钢管	m	92.60	15.63	14.34	0.38	3.48	1.67	35.50	3287.30
	9-1-1	镀锌钢管（螺纹连接）公称直径（mm 以内）25	10m	9.26	156.33	143.39	3.84	34.78	16.65	354.99	3287.21
9	030901001009	水喷淋钢管	m	30.80	15.63	14.34	0.38	3.48	1.67	35.50	1093.40
	9-1-1	镀锌钢管（螺纹连接）公称直径（mm 以内）25	10m	3.08	156.33	143.39	3.84	34.78	16.65	354.99	1093.37
10	030901002001	消火栓钢管	m	27.54	22.94	71.59	0.79	5.15	2.47	102.94	2834.97
	9-1-27	镀锌钢管（螺纹连接）公称直径（mm 以内）100	10m	2.754	229.37	715.90	7.88	51.51	24.67	1029.33	2834.77
11	030901002002	消火栓钢管	m	10.20	19.10	46.31	0.75	4.31	2.06	72.53	739.81
	9-1-25	镀锌钢管（螺纹连接）公称直径（mm 以内）65	10m	1.02	191.03	463.07	7.50	43.10	20.64	725.34	739.85

续表

| 序号 | 项目编码(定额编码) | 清单(定额)项目名称 | 计量单位 | 数量 | 综合单价/元 ||||| 合计/元 |
					人工费	材料(设备)费	机械费	管理费	利润	小计	
12	030901003001	水喷淋(雾)喷头	个	52	10.13	21.54	0.26	2.26	1.08	35.27	1834.04
	9-1-35	水喷淋(雾)喷头 无吊顶 公称直径(mm以内)20	个	52	10.13	21.54	0.26	2.26	1.08	35.27	1834.04
13	030901004001	报警装置	组	1	453.60	1001.32	2.02	98.96	47.38	1603.28	1603.28
	9-1-40	湿式报警装置 公称直径(mm以内)100	组	1	453.60	1001.32	2.02	98.96	47.38	1603.28	1603.28
	6-5-81*J0.2换	继电线路报警系统(报警点4点以下)基价×0.2	套	1	17.77	1.70	2.91	4.49	2.15	29.02	
14	030901006001	水流指示器	个	5	82.49	276.25	1.33	18.21	8.72	387.00	1935.00
	9-1-48	沟槽法兰连接 公称直径(mm以内)100	个	5	82.49	276.25	1.33	18.21	8.72	387.00	1935.00
	6-5-81*J0.2换	继电线路报警系统(报警点4点以下)基价×0.2	套	1	17.77	1.70	2.91	4.49	2.15	29.02	
15	030901008001	末端试水装置	组	1	83.97	765.08	1.51	18.56	8.89	878.01	878.01
	9-1-70	末端试水装置 公称直径(mm以内)25	组	1	83.97	765.08	1.51	18.56	8.89	878.01	878.01
	6-7-60	压力表	块		51.17	12.14		11.11	5.32	79.74	
	8-7-38	钢制排水漏斗制作安装 200	个	1	90.86	72.42	35.24	27.39	13.11	239.02	
16	030901010001	室内消火栓	套	11	94.91	754.12	0.43	20.71	9.92	880.09	9680.99
	9-1-77	室内消火栓(暗装)单栓65	套	11	94.91	754.12	0.43	20.71	9.92	880.09	9680.99
17	030901010002	室内消火栓	套	1	81.95	474.53	0.47	17.90	8.57	583.42	583.42
	9-1-73	室内消火栓(明装)单栓65	套	1	81.95	474.53	0.47	17.90	8.57	583.42	583.42
18	030901012001	消防水泵接合器	套	2	136.22	1031.41	4.07	30.47	14.59	1216.76	2433.52
	9-1-85	消防水泵接合器 地下式DN100	套	2	136.22	1031.41	4.07	30.47	14.59	1216.76	2433.52
19	13-1-78	刚性防水套管制作 公称直径(mm以内)100	个	1	65.21	56.96	33.82	21.50	10.30	187.79	187.79
	13-1-96	刚性防水套管安装 公称直径(mm以内)100	个	1	45.63	13.29		9.91	4.75	73.58	73.58

续表

序号	项目编码（定额编码）	清单（定额）项目名称	计量单位	数量	综合单价/元						合计/元
					人工费	材料（设备）费	机械费	管理费	利润	小计	
20	031002003003	套管 公称直径（mm以内）50	个	1	84.25	47.39	18.35	22.28	10.67	182.94	182.94
	13-1-76	刚性防水套管制作 公称直径（mm以内）50	个	1	41.45	37.44	18.35	12.98	6.22	116.44	116.44
	13-1-95	刚性防水套管安装 公称直径（mm以内）50	个	1	42.80	9.95		9.30	4.45	66.50	66.50
21	031002003004	套管	个	1	47.39	44.20	1.05	10.52	5.04	108.20	108.20
	13-1-110	一般穿墙钢套管制作安装 公称直径（mm以内）150	个	1	47.39	44.20	1.05	10.52	5.04	108.20	108.20
22	031002003005	套管	个	8	47.39	37.28	1.05	10.52	5.04	101.28	810.24
	13-1-110	一般穿墙钢套管制作安装 公称直径（mm以内）150	个	8	47.39	37.28	1.05	10.52	5.04	101.28	810.24
23	031002003006	套管	个	10	47.39	44.20	1.05	10.52	5.04	108.20	1082.00
	13-1-110	一般穿墙钢套管制作安装 公称直径（mm以内）150	个	10	47.39	44.20	1.05	10.52	5.04	108.20	1082.00
24	031002003007	套管	个	4	24.57	15.86	1.05	5.56	2.66	49.70	198.80
	13-1-109	一般穿墙钢套管制作安装 公称直径（mm以内）100	个	4	24.57	15.86	1.05	5.56	2.66	49.70	198.80
25	031002003008	套管	个	1	24.57	15.86	1.05	5.56	2.66	49.70	49.70
	13-1-109	一般穿墙钢套管制作安装 公称直径（mm以内）100	个	1	24.57	15.86	1.05	5.56	2.66	49.70	49.70
26	031002003009	套管	个	8	24.57	15.86	1.05	5.56	2.66	49.70	397.60
	13-1-109	一般穿墙钢套管制作安装 公称直径（mm以内）100	个	8	24.57	15.86	1.05	5.56	2.66	49.70	397.60
27	031002003010	套管	个	4	8.78	12.85	1.05	2.14	1.02	25.84	103.36
	13-1-108	一般穿墙钢套管制作安装 公称直径（mm以内）50	个	4	8.78	12.85	1.05	2.14	1.02	25.84	103.36
28	031003001001	螺纹阀门	个	4	7.97	182.91	0.35	1.81	0.87	193.91	775.64
	10-2-3	螺纹阀门安装 公称直径（mm以内）25	个	4	7.97	182.91	0.35	1.81	0.87	193.91	775.64

续表

序号	项目编码（定额编码）	清单（定额）项目名称	计量单位	数量	综合单价/元					合计/元
					人工费	材料（设备）费	机械费	管理费	利润	小计	
29	031003001002	螺纹阀门	个	1	7.97	218.26	0.35	1.81	0.87	229.26	229.26
	10-2-3	螺纹阀门安装 公称直径（mm 以内）25	个	1	7.97	218.26	0.35	1.81	0.87	229.26	229.26
30	031003001003	螺纹阀门	个	1	7.97	127.36	0.35	1.81	0.87	138.36	138.36
	10-2-3	螺纹阀门安装 公称直径（mm 以内）25	个	1	7.97	127.36	0.35	1.81	0.87	138.36	138.36
31	031003002001	螺纹法兰阀门	个	1	92.21	957.36	1.66	20.38	9.76	1081.37	1081.37
	10-2-33	螺纹法兰阀门安装 公称直径（mm 以内）100	个	1	92.21	957.36	1.66	20.38	9.76	1081.37	1081.37
32	031003002002	螺纹法兰阀门	个	1	43.47	741.93	1.07	9.67	4.63	800.77	800.77
	10-2-31	螺纹法兰阀门安装 公称直径（mm 以内）65	个	1	43.47	741.93	1.07	9.67	4.63	800.77	800.77
33	031201001001	管道刷油	m²	12.28	3.38	3.01		0.73	0.35	7.47	91.73
	12-2-16	管道 醇酸磁漆 第一遍	10m²	1.228	17.15	15.69		3.72	1.78	38.34	47.08
	12-2-17	管道 醇酸磁漆增一遍	10m²	1.228	16.61	14.37		3.61	1.73	36.32	44.60
34	030905002001	水灭火控制装置调试	点	5	17.01	3.51	3.48	4.45	2.13	30.58	152.90
	9-5-12	消火栓灭火系统调试	点	5	17.01	3.51	3.48	4.45	2.13	30.58	152.90
35	030905002002	水灭火控制装置调试	点	5	106.79	8.14	13.47	26.12	12.51	167.03	835.15
	9-5-13	自动喷水灭火系统调试	点	5	106.79	8.14	13.47	26.12	12.51	167.03	835.15
		合计									56133.33

思考与练习

1. 单项选择题

（1）室内自动喷淋灭火系统 DN70mm 的管采用管道弧形安装形式，采用镀锌钢管螺纹连接，其机械费单价为（　　）元 /10m。

A. 7.83　　　　　　　　　　　　　B. 8.96
C. 10.96　　　　　　　　　　　　　D. 12.54

（2）室内消火栓灭火系统 DN100mm 镀锌钢管采用沟槽连接安装，定额应套用（　　）。

A. 9-1-18　　　　　　　　　　　　B. 9-1-27
C. 9-1-30　　　　　　　　　　　　D. 10-1-174

（3）DN65mm 的单个试验消火栓（不带箱）安装，其定额套用（　　）子目。

A. 9-1-73　　　　　　　　　　　　B. 9-1-77
C. 10-2-7　　　　　　　　　　　　D. 10-2-23

（4）安装在管道井中 DN80mm 的沟槽阀门其定额人工费单价为（　　）元。

A. 32.54　　　　　　　　　　　　　B. 39.05
C. 59.89　　　　　　　　　　　　　D. 50.09

（5）某自动喷淋系统管道上安装一 DN80mm 沟槽连接的水流指示器，已知：DN80mm 的水流指示器主材价格为 1650 元 / 个，DN80mm 沟槽法兰主材价格为 56 元 / 片，则其安装工程直接工程费单价为（　　）元 / 个（包括主材价）。

A. 1791.35　　　　　　　　　　　　B. 1903.35
C. 1762　　　　　　　　　　　　　 D. 1868.11

（6）某住宅小区消火栓室外管网采用镀锌钢管螺纹连接，其消火栓室外管道应执行（　　）定额。

A. 第九册《消防设备安装工程》水喷淋镀锌钢管螺纹连接
B. 第九册《消防设备安装工程》消火栓镀锌钢管螺纹连接
C. 第十册《给排水、采暖、燃气工程》室外镀锌钢管螺纹连接
D. 第十册《给排水、采暖、燃气工程》室内镀锌钢管螺纹连接

（7）在工程量清单组价时，下列哪项内容不应计入"末端试水装置"清单项目综合单价中（　　）。

A. 连接管　　　　　　　　　　　　B. 压力表
C. 控制阀　　　　　　　　　　　　D. 本体调试

（8）在消防给水管道安装工程中，法兰阀门与配套法兰的安装，其连接用的螺栓安装费用（　　）。

A. 已计入法兰安装费用　　　　　　B. 已计入阀门安装费用
C. 按实计算　　　　　　　　　　　D. 已计入管件安装费用

2. 多项选择题

（1）下列（　　）内容在套定额时，对定额需进行换算调整使用。

A. 组合式消防柜安装
B. 自动喷淋系统管道弧形安装的机械费
C. 自动喷淋系统干湿两用沟槽连接的 DN100mm 干湿两用报警装置安装

思考与练习

D. 自动喷淋系统 DN65mm 的管道安装在管廊内

E. 消火栓灭火系统设置在管道井中的支架

（2）室内单栓消火栓 DN65mm 安装，其安装工程套价过程中，进行主材费组价时应包括的内容分别有（　　）。

A. 消火栓箱　　　　　　　　　　　　　B. 水龙带

C. 水龙带接口　　　　　　　　　　　　D. 阀门

E. 水枪

（3）下列说法错误的包括（　　）。

A. 不带箱的试验消火栓安装套第十册螺纹阀门安装定额，主材也按螺纹阀门价计

B. 不带箱的试验消火栓安装套第十册螺纹阀门安装定额，主材按消火栓价计

C. 灭火半径为 25m 的双栓消火栓，主材水龙带按 25m 的长度计算价格

D. 自动喷淋系统中，DN100mm 的钢管采用法兰连接安装时，管道安装中已包括管件与法兰的安装费和材料费，所以，管件与法兰材料费不得再计算

E. 自动喷淋系统中，DN100mm 的钢管采用法兰连接安装时，管道安装中已包括管件与法兰的安装费，但不包括管件与法兰的材料费，所以，应按实计算管件与法兰的数量，套其材料费价格

3. 定额清单综合单价计算题

将正确答案填入表格中的空格处。本题中安装费的人材机单价均按《浙江省通用安装工程预算定额》（2018 版）取定的基价考虑。本题管理费费率 21.72%，利润费率 10.4%，风险费不计，计算保留 2 位小数。

定额清单综合单价计算表

序号	定额编号	定额项目名称	计量单位	综合单价/元					
				人工费	材料费	机械费	管理费	利润	小计
1		自动喷淋系统镀锌钢管 DN100mm 沟槽连接，管道弧形安装（管道主材价：7000 元/t）							
2		室内组合消防柜的单消火栓安装（带组合柜的单栓消火栓，1800 元/套）							
		管道外刷标志色环（油漆为调和漆）一遍（第一遍）（调和漆 8.5 元/kg）							

4. 综合应用题

【背景资料】本工程为 4.2.2 案例练习的完整图纸，图纸背景资料与 4.2.2 案例相同，电子版图纸请扫二维码下载。管道长度根据图纸比例按实量取。

办公楼消防施工图

要求：

（1）计算该工程余下的消火栓与自动喷淋的工程量；

（2）用《建设工程工程量清单计价规范》（GB 50500—2013）编制分部分项工程量清单；

（3）采用清单计价法编制消防安装工程造价。

5. 调研题

查找、收集国内消防工程 BIM 建模算量发展现状，从提升引领性、时代性和开放性的角度，与传统的手工算量进行比较，撰写报告分享启发，以期合理规划自己的专业学习。

项目 5

火灾自动报警系统工程计量与计价

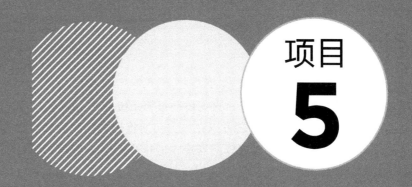

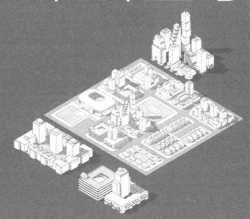

建议课时： 20课时（2+12+6）

教学目标

知识目标： （1）熟悉火灾自动报警系统工程图纸识读要点；

（2）掌握火灾自动报警系统工程招标控制价编制方法；

（3）掌握火灾自动报警系统工程量清单编制及综合单价计算方法。

能力目标： （1）能够准确计算火灾自动报警系统工程量；

（2）能够正确编制火灾自动报警系统工程量清单，并计算清单综合单价。

思政目标： （1）培养独立思考的能力，一丝不苟的工作态度和工作作风；

（2）提升自主学习、与人沟通、相互协调的能力；

（3）培养学思结合、知行合一、勇于探索的创新精神。

引言

火灾自动报警系统的组成：火灾自动报警系统通常由触发器件、火灾警报装置以及具有其他辅助功能的装置组成。它可以在火灾初期将燃烧产生的烟雾、热量和光辐射等物理量，借助感烟、感温和感光等火灾探测器接收信号并转变成电信号输入火灾报警控制器，报警控制器立即以声、光信号发出警报，同时指示火灾发生的部位，并且记录下火灾发生的时间；它还可与自动喷水灭火系统、室内消火栓系统、防烟排烟系统、通风系统、紧急广播、事故照明、电梯、空调及防火门、防火卷帘门和挡烟垂壁等防火分隔系统联动，自动或者手动发出指令，启动相应的灭火装置，实现检测、报警和灭火自动化。火灾自动报警系统组成如图 5-1 所示。

火灾自动报警系统常用材料

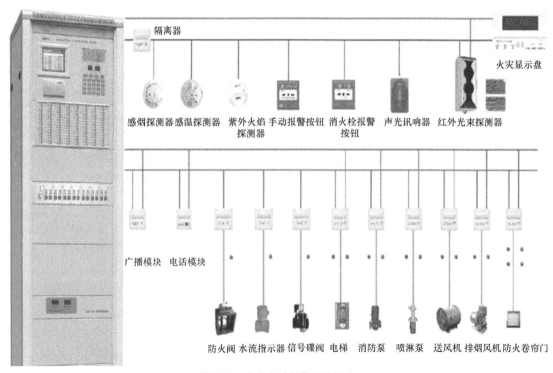

图 5-1　火灾自动报警系统组成

任务5.1 工程量计算清单规范与定额的学习

5.1.1 火灾自动报警系统工程量清单相关知识及应用

（1）工程量清单项目设置的内容

火灾自动报警系统工程量清单项目设置、项目特征描述的内容、计量单位及工程量计算规则按《通用安装工程工程量计算规范》（GB 50856—2013）附录 J 有关内容执行，火灾自动报警系统及消防系统调试工程量清单设置的内容见表 5-1。

火灾自动报警系统清单规范

表5-1　火灾自动报警系统及消防系统调试工程量清单设置的内容

项目编码	项目名称	分项工程项目
030904	火灾自动报警系统	本部分包括点型探测器、线型探测器、按钮、模块（接口）、报警探测器、联动控制器、报警联动一体机、重复显示器、报警装置形式、远程控制器共10个分项
030905	消防系统调试	本部分包括自动报警系统装置调试、水灭火系统控制装置调试、防火控制系统装置调试、气体灭火系统装置调试共 4 个分项

（2）火灾自动报警系统及消防系统调试工程量清单规范的应用说明

① 消防报警系统配管、配线、接线盒均按《通用安装工程工程量计算规范》附录 D 电气设备安装工程相关项目编码列项。

② 消防广播及对讲电话主机包括功放、录音机、分配器、控制柜等设备。

③ 点型探测器包括火焰、感烟、感温、红外光束、可燃气体探测器等。

④ 自动报警系统调试，包括各种探测器、报警器、报警按钮、报警控制器、消防广播、消防电话等，按不同点数以系统计算。

【例 5-1】某火灾自动报警工程，工程内容包括感烟探测器 121 个，感温探测器 75 个，手动报警按钮 105 个，带电话插孔的手动报警按钮 62 个，消防广播 56 个，试计算该工程火灾自动报警系统的工程量，并列出其所使用的定额。

解：火灾自动报警系统调试工程量：121+75+105+62=363 点，套定额子目为 9-5-4 自动报警系统调试 512 点以内，单位为系统。

火灾事故广播、消防通信系统调试工程量：62+56=118 点，套定额子目为 9-5-10 广播喇叭及音箱、电话插孔调试，单位为 10 只。

⑤防火控制装置调试，包括电动防火门、防火卷帘门、正压送风阀、排烟阀、防火控制阀、消防电梯等防火控制装置；电动防火门、防火卷帘门、正压送风阀、排烟阀、防火控制阀调试等调试以个计算，消防电梯以部计算。

【例 5-2】下列哪些调试属于防火控制装置的调试（　　　）。
A. 防火卷帘门控制装置调试　　　　B. 消防水炮控制装置调试
C. 消防水泵控制装置调试　　　　　D. 离心式排烟风机控制装置调试
E. 电动防火阀、电动排烟阀调试
【答案】ACDE
【解析】《浙江省通用安装工程预算定额》（2018 版）第九册 P69 ~ 70，防火控制装置包括防火卷帘门调试、电动防火门（窗）调试，电动防火阀、电动排烟阀、电动正压送风阀调试，切断非消防电源调试，消防风机调试，消防水泵调试，电梯调试。

（3）火灾自动报警系统工程量清单规范项目特征
① 项目的本体特征。属于本体特征的主要是项目的材质、型号、规格等，这些特征对工程造价影响较大，若不加以区分，必然造成计价混乱，如探测器、按钮、警铃、报警器、消防电话、消防广播、模块等的名称、规格、类型等必须描述。
② 安装工艺方面的特征。对于项目的安装工艺，在清单编制时有必要进行详细说明。如探测器、消防广播等的安装方式，配管与配线的敷设方式等，在清单项目特征描述时，必须描述。
③ 对工艺或施工方法有影响的特征。有些特征将直接影响到施工方法，从而影响工程造价。例如设备、附件、配管及配线等的安装高度，在清单项目特征描述时，必须描述。

安装工程项目的特征是清单项目设置的主要内容，在设置清单项目时，应对项目的特征做全面的描述。即使是同一规格、同一材质的项目，如果安装工艺或安装位置不一样时，应考虑分别设置清单项目。原则上具有不同特征的项目都应分别列项。只有做到清单项目清晰、准确，才能使投标人全面、准确地理解招标人的工程内容和要求，做到计价完整和正确。招标人编制工程量清单时，对项目特征的描述是非常关键的内容，必须予以足够的重视。

5.1.2 火灾自动报警系统工程预算定额相关知识与定额应用

5.1.2.1 定额相关知识

（1）定额内容。火灾自动报警系统使用《浙江省通用安装工程预算定额》（2018 版）第四册《电气设备安装工程》和第九册《消防设备安装工程》。第九册定额共五章，其中与火灾自动报警系统有关的为第四章火灾自动报警系统和第五章消防系统调试。
（2）适用范围。第九册《消防设备安装工程》第一章和第五章定额适用于新建、扩建、改建项目中的水灭火消防工程。

(3) 下列内容执行其他册相应定额

① 电缆敷设、桥架安装、配管配线、接线盒、电动机检查接线、防雷接地装置安装等，执行第四册《电气设备安装工程》相应定额。

② 各种套管、支架的制作与安装，执行第十三册《通用项目和措施项目工程》的相应定额。

(4)《浙江省通用安装工程预算定额》(2018版) 各项费用的规定

① 脚手架搭拆费。脚手架搭拆费是指施工需要的各种脚手架搭、拆、运输费用及脚手架的摊销（或租赁）费用。

火灾自动报警系统消防工程的脚手架搭拆费可按第十三册《通用项目和措施项目工程》定额第二章措施项目工程相应定额子目（13-2-9）计算，以"工日"为计量单位。

② 建筑物超高增加费。建筑物超高增加费是指施工中施工高度超过6层或20m的人工降效，以及材料垂直运输增加的费用。

层数指设计的层数（含地下室、半地下室的层数）。阁楼层、面积小于标准层30%的顶层及层高在2.2m以下的地下室或技术设备层不计算层数。

高度指建筑物从地下室设计标高至建筑物檐口底的高度，不包括突出屋面的电梯机房、屋顶亭子间及屋顶水箱的高度等。

火灾自动报警系统消防工程的建筑物超高增加费可按第十三册《通用项目和措施项目工程》定额第二章措施项目工程相应定额子目（13-2-54～13-2-63）计算，以"工日"为计量单位。

③ 操作高度增加费。火灾自动报警系统操作高度增加指操作物高度距离楼地面5m以上的分部分项工程，按照其超过部分高度，选取第十三册《通用项目和措施项目工程》定额第二章措施项目工程相应定额子目（13-2-86、13-2-87）计算，以"工日"为计量单位。

5.1.2.2 火灾自动报警系统工程的定额应用

火灾自动报警系统工程的定额指第九册《消防设备安装工程》第四章火灾自动报警系统定额，以下"本章"指第四章内容。

(1) 本章内容。包括点型探测器、线型探测器、按钮、消防警铃、声光报警器、空气采样型探测器、消防报警电话、广播功率放大器及广播录放盘、消防广播、消防专用模块（模块箱）、远程控制盘、消防报警备用电源、报警联动控制一体机的安装。

(2) 本章工作内容

① 设备和箱、机及元件的搬运，开箱检查，清点，杂物回收，安装就位，接地，密封，箱、机内的校线、接线、压接端头（挂锡）、编码，测试，清洗，记录整理等。

② 本体调试。

(3) 有关说明

① 感烟探测器（有吊顶）、感温探测器（有吊顶）安装执行相应探测器（无吊顶）安装定额，基价乘以系数1.1。安装方式见图5-2。

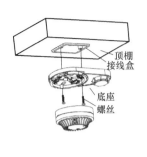 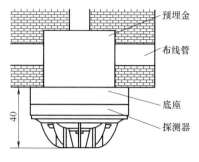 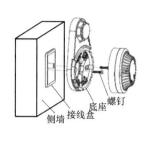

(a) 顶棚安装　　　　　　　　(b) 无吊顶安装　　　　　　　　(c) 侧墙安装

图 5-2　感烟探测器、感温探测器安装方式

注：感烟探测器与感温探测器侧墙安装执行无吊顶安装。

② 闪灯执行声光报警器安装定额子目。

③ 电气火灾监控系统

a. 探测器模块执行消防专用模块安装定额项目。

b. 剩余电流互感器执行相关电气安装定额项目。

c. 感温探测器执行线型探测器安装定额项目。

④ 本章不包括事故照明及疏散指示控制装置安装内容，执行第四册《电气设备安装工程》相关定额项目。

⑤ 按钮安装定额适用于火灾报警按钮和消火栓报警按钮、带电话插孔的手动报警按钮执行按钮安装定额，基价乘以系数 1.3。各类报警按钮见图 5-3。

(a) 火灾报警按钮　　　　　　(b) 消火栓报警按钮　　　　　(c) 带电话插孔的手动报警按钮

图 5-3　报警按钮

⑥ 短路隔离器安装执行消防专用模块安装定额项目。

⑦ 火灾报警控制微机（包括计算机主机、显示器、打印机安装，软件安装及调试等）执行第五册《建筑智能化系统设备安装工程》相应定额。

（4）工程量计算规则

① 火灾报警系统按设计图示数量计算。

② 点型探测器按设计图示数量计算，不分规格、型号、安装方式与位置，以"个""对"为计量单位。探测器安装包括了探头和底座的安装及本体调试。红外光束（感光）探测器是成

对使用的，在计算时一对为两只。

③ 线型探测器依据探测器长度，按设计图示数量计算，分别以"m"为计量单位。图 5-4 为线型火灾感温探测器。

④ 空气采样管依据图示设计长度计算，以"m"为计量单位；空气采样报警器依据探测回路数按设计图示计算，以"台"为计量单位。

⑤ 报警联动一体机按设计图示数量计算，区分不同点数，以"台"为计量单位。

第九册定额各项费用的规定请参照项目四中消防给水工程。

图 5-4　线型火灾感温探测器

任务5.2

火灾自动报警系统工程量计算

5.2.1　工程图纸识读

5.2.1.1　识图方法及要点

（1）图例。图例是工程中的材料、设备及施工方法等由一些固定的、国家统一规定的图形符号和文字符号来表示的形式。火灾自动报警系统常用图例见表 5-2。

表 5-2　火灾自动报警系统常用图例

序号	图例	设备名称	序号	图例	设备名称
1	LX	楼层显示器	10	DQ	联动切换模块
2	⌔	智能型光电感烟探测器	11	DG	总线隔离模块
3	↓	智能型电子感温探测器	12	SQ	双切换模块
4	▽	手动报警按钮（带电话插孔）	13	⌂	火灾层灯光显示器
5	▽	手动报警按钮（不带电话插孔）	14	⌂	编码声光报警器
6	⌔	消火栓按钮	15	⌂	消防电话分机
7	✓	可燃气体探测器	16	◁	扬声器
8	SR	输入模块	17	▭	接线端子箱（平面图）
9	K	输入/输出模块			

（2）火灾自动报警系统图纸文字标注符号解读。火灾自动报警系统图纸文字标注符号解读及实物图见表5-3。

表5-3　火灾自动报警系统图纸文字标注符号解读及实物图

线缆型号	线缆型号解读	线缆实物图片
ZCN-BV-2×1.5	ZCN：阻燃，C级耐火 BV：铜芯聚氯乙烯绝缘布电线 2×1.5：2根，单根横截面积为1.5mm²	
ZCN-RVS-2×1.5	ZCN：阻燃，C级耐火 RVS：铜芯聚氯乙烯绝缘绞型双绞软电线 2×1.5：2芯，单芯横截面积为1.5mm²	
NH-RVVP-2×1.5	NH：耐火 RVVP：铜芯聚氯乙烯绝缘聚氯乙烯护套屏蔽软导线 2×1.5：2芯，单芯横截面积为1.5mm²	
WDNH-KYJY-6×1.5 CT	WDNH：无卤低烟耐火 KYJY：交联聚乙烯绝缘聚乙烯护套铜芯控制电缆 6×1.5：6芯，单芯横截面积为1.5mm² CT：沿桥架敷设	

（3）识读方法和步骤。阅读火灾自动报警工程施工图纸，应在掌握一定的火灾自动报警系统工程知识的基础上进行。对图中的图例，应明确它们的含义，应能与实物联系起来。一般的读图步骤如下。

① 查看图纸目录。先看图纸目录，了解整个工程由哪些图纸组成，主要项目有哪些等。

② 阅读设计说明。了解工程的设计思路、工程项目、施工方法和注意事项等。可以先粗略看，再细看，理解其中每句话的含义。

③ 注意阅读图例符号。图纸中的图例一般在图例及主要材料表中已写出，在表中对图例的名称、型号、规格和数量等都有详细的标注，所以要注意结合图例及主要材料表看图。

④ 相互对照，综合看图。一套火灾自动报警系统施工图纸，是由各专业图纸组成的，而各专业图纸之间又有密切的联系。另外，火灾自动报警系统施工图纸中的系统图和平面图联系紧密。因此，看图时要将各专业图纸相互对照，系统图和平面图相互对照，综合看图。

⑤ 识读火灾自动报警系统施工图纸最重要的环节，是根据系统图中每个探测器、报警装置、按钮、消防广播、消防电话机、电话插孔等设备末端附件确认其所配的保护管和导线规格、型号机敷设方式等；再到平面图中转接箱等起始端，沿着线路的路径进行识读，确认线路的敷设位置、配管配线属性等。

⑥ 结合实际看图。看图最有效的方法是结合实际工程看图。一边看图，一边看施工现场情况，一个工程下来，既能掌握一定的火灾自动报警工程知识，又能熟悉火灾自动报警施工图纸

的读图方法。

5.2.1.2　图纸识读顺序

火灾自动报警系统施工图纸的识读可以按照接线端子箱→配管干管、配线干线→转接箱→探测器、报警器、按钮等附件的顺序进行。在识读中关注配管与配线的走向，所配保护管和导线的规格、型号、敷设方式、位置等属性信息。

5.2.2　火灾自动报警系统工程量计算案例

5.2.2.1　工程基本概况

图 5-6 ~ 图 5-8 为某办公大厦火灾自动报警工程施工图的一部分，系统组成及配管配线设置详见系统图、图例及平面图。

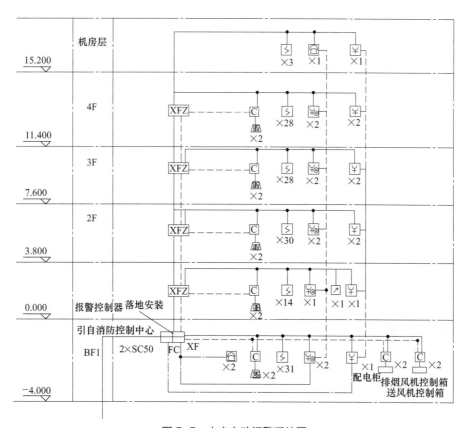

图 5-5　火灾自动报警系统图

图例	名称	安装方式及高度
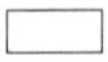 ▭	消防报警控制柜	落地安装
B	消防报警控制盘	明装，底距地1.3m
S	感烟探测器	吸顶安装
Y	手动报警按钮(带电话插口)	明装，底距地1.5m
 ▯,▨	组合声光报警装置	明装，底距地2.2m
▭	报警电话	明装，底距地1.2m
Y	消火栓启泵按钮	明装，底距地1.5m
C	控制模块	明装，底距地2.2m
⊘	水流指示器	距地3.4m 在设备上方顶板上设接线盒，再用金属软管引到设备出线口
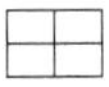 ⊞	报警控制器	落地安装
C	消防模块箱	明装，底距地2.2m
 XFZ	消防转接箱 200mm×200mm×80mm	明装，底距地1.5m

图 5-6　火灾自动报警系统图例

5.2.2.2　工程量计算与汇总

任务要求：按照《通用安装工程工程量计算规范》（GB 50856—2013）、《浙江省建设工程计价规则》（2018版），《浙江省通用安装工程预算定额》（2018版）的内容列项、计算某办公大厦火灾自动报警系统工程量，并汇总工程量。小数点保留两位。

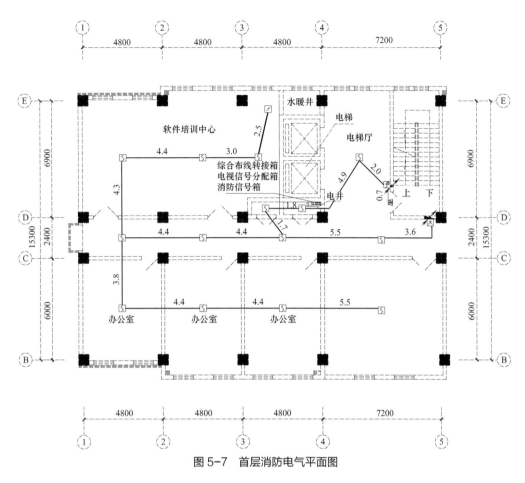

图 5-7 首层消防电气平面图

第一步：分块计算火灾自动报警系统工程量再进行汇总，结果如表 5-4 所列。

表 5-4 某办公大厦火灾自动报警系统首层工程量计算表

序号	线路名称	工程名称	单位	数量	计算式
1	地址信号线	SC15 砖、混凝土暗敷	m	56.00	（1.8+1.7+4.4×5+4.3+3.0+2.5+3.8+5.5×2+3.6）（水平距离）+（3.8-1.5）（顶板至消火栓启泵按钮垂直距离）+（3.8-1.5）（顶板至带电话插孔手动报警按钮垂直距离）
		ZR-RVS-2×1.5	m	56.40	56.00+（0.2+0.2）（转接箱盘面尺寸）
2	报警信号线+电源线	SC25 砖、混凝土暗敷	m	12.10	（3.8-1.5-0.2）（转接箱接出至顶板距离）+（0.8+4.9+2.0+0.7）（水平距离）+（3.8-2.2）（顶板至声光报警器垂直距离）
		ZR-RVS-2×1.5	m	12.50	12.10+（0.2+0.2）（转接箱盘面尺寸）
		ZR-BV-2×2.5	m	25.80	[12.50+（0.2+0.2）（转接箱盘面尺寸）]×2
3	消防电话线	SC15 砖、混凝土暗敷	m	3.8	3.8 楼面至顶板垂直距离
		ZR-RVVP-2×1.0	m	3.8	3.8
4	消火栓启泵硬接线	SC20 砖、混凝土暗敷	m	3.8	3.8（楼地面至顶板垂直距离）
		ZR-BV-4×1.5	m	15.2	3.8×4

第二步：根据清单规范及定额相关内容，遵循配管、配线、设备及附件的属性（规格型号、材质、部位、设备及附件安装方式、配管配线敷设方式等）相同原则，安装清单规范所列工程量清单顺序，汇总计算火灾自动报警系统工程量，结果如表5-5所示。

表5-5 某办公大厦火灾自动报警系统首层工程量汇总

序号	项目部位、名称	单位	数量	计算式
1	SC25 砖、混凝土暗敷	m	12.10	12.10
2	SC20 砖、混凝土暗敷	m	3.80	3.80
3	SC15 砖、混凝土暗敷	m	60.20	56.40+3.80
4	管内穿多芯软导线 ZR-RVS-2×1.5	m	69.90	56.40+12.50
5	管内穿多芯软导线 ZR-RVVP-2×1.0	m	3.8	3.8
6	管内穿照明线 ZR-BV-2×2.5	m	28	28
7	管内穿照明线 ZR-BV-4×1.5	m	15.2	15.2
8	消防信号箱 200×200×80 暗装	个	1	1
9	感烟探测器（吸顶安装）	个	14	14
10	组合声光报警装置	个	1	1
11	带电话插孔的手动报警按钮	个	1	1
12	消火栓启泵按钮	个	1	1
13	接线盒	个	18	14+2+2

任务5.3

火灾自动报警系统清单编制与综合单价分析

第一步：根据任务5.2中的工程量计算汇总结果，按现行的《通用安装过程工程量计算规范》（GB 50856—2013）附录J及附录D编制本工程分部分项工程量清单，结果如表5-6所示。

表5-6 某办公大厦火灾自动报警系统首层分部分项工程量清单

序号	项目编码	项目名称	项目特征	计量单位	工程量
1	030411005001	接线箱	①名称：消防信号箱 ②规格：200×200×80	个	1
2	030904001001	点型探测器	①名称：感烟探测器 ②线制：总线制	个	14

续表

序号	项目编码	项目名称	项目特征	计量单位	工程量
3	030904003001	按钮	名称：带电话插孔的手动报警按钮	个	1
4	030904003002	按钮	名称：消火栓启泵按钮	个	1
5	030904005001	声光报警器	名称：组合声光报警装置	个	1
6	030411001001	配管	①名称、材质与规格：SC25 ②配置形式：砖、混凝土结构暗敷	m	12.10
7	030411001002	配管	①名称、材质与规格：SC20 ②配置形式：砖、混凝土结构暗敷	m	3.80
8	030411001003	配管	①名称、材质与规格：SC15 ②配置形式：砖、混凝土结构暗敷	m	60.20
9	030411004001	配线	①名称、型号、规格与材质：多芯软导线 ZR-RVS-2×1.5 ②配线形式：管内穿线	m	68.90
10	030411004002	配线	①名称、型号、规格与材质：多芯软导线 ZR-RVVP-2×1.0 ②配线形式：管内穿线	m	3.80
11	030411004003	配线	①名称、型号、规格与材质：照明线 ZR-BV-2.5 ②配线形式：管内穿线	m	28.00
12	030411004004	配线	①名称、型号、规格与材质：照明线 ZR-BV-1.5 ②配线形式：管内穿线	m	15.20
13	030411006001	接线盒	①名称、材质与规格：塑料86接线盒 ②安装形式：暗装	个	18
14	030905001001	自动报警系统调试	①点数：17点 ②线制：总线制	系统	1

第二步：按照现行的《浙江省通用安装工程预算定额》(2018版)及工程量汇总计算表中给出的未计价材料除税价格，编制本工程的工程量清单综合单价分析表，企业管理费（21.72%）、利润（10.40%）按《浙江省建设工程计价规则》(2018版)中的一般计税法中值计取，风险费暂不计取。结果如表5-7所示。

表 5-7 综合单价计算表

清单序号	项目编码（定额编码）	清单（定额）项目名称	计量单位	数量	综合单价/元					小计	合计/元
					人工费	材料费	机械费	管理费	利润		
1	030411005001	接线箱	个	1.00	44.35			9.63	4.61	58.59	58.59
	4-11-207	接线箱暗装 半周长（mm）≤700	10个	0.10	443.48			96.32	46.12	585.92	58.59
2	030904001001	点型探测器	个	14.00	23.91	3.60	0.19	5.23	2.51	35.44	496.16
	9-4-1*J1.1 换	点型探测器安装 感烟（无吊顶）感烟探测器（有吊顶）安装	个	14.00	23.91	3.60	0.19	5.23	2.51	35.44	496.16
3	030904003001	按钮	个	1.00	12.83	2.58	0.07	2.80	1.34	19.62	19.62
	9-4-7	按钮	个	1.00	12.83	2.58	0.07	2.80	1.34	19.62	19.62
4	030904003002	按钮	个	1.00	12.83	2.58	0.07	2.80	1.34	19.62	19.62
	9-4-7	按钮	个	1.00	12.83	2.58	0.07	2.80	1.34	19.62	19.62
5	030904005001	声光报警器	个	1.00	38.48	1.91	0.07	8.37	4.01	52.84	52.84
	9-4-8	消防警铃/声光报警器	个	1.00	38.48	1.91	0.07	8.37	4.01	52.84	52.84
6	030411001001	配管	m	12.10	6.14	0.94	0.34	1.41	0.67	9.50	114.95
	4-11-79	砖、混凝土结构暗配焊接钢管 公称直径（DN）≤25mm	100m	0.12	614.25	94.36	33.79	140.75	67.39	950.54	114.06
7	030411001002	配管	m	3.80	5.07	0.58	0.23	1.15	0.55	7.58	28.80
	4-11-78	砖、混凝土结构暗配焊接钢管 公称直径（DN）≤20mm	100m	0.38	506.93	57.51	23.34	115.17	55.15	758.10	28.81
8	030411001003	配管	m	60.20	4.75	0.44	0.23	1.08	0.52	7.02	442.60
	4-11-77	砖、混凝土结构暗配焊接钢管 公称直径（DN）≤15mm	100m	0.60	475.20	44.05	23.34	108.28	51.85	702.72	421.63
9	030411004001	配线	m	68.90	0.53	0.05		0.11	0.06	0.75	51.68
	4-12-40	二芯单芯导线截面（mm²）1.5以内	100m	0.69	52.92	5.28		11.49	5.50	75.19	51.88
10	030411004002	配线	m	3.80	0.52	0.05		0.11	0.05	0.73	2.77
	4-12-39	二芯单芯导线截面（mm²）1以内	100m	0.38	52.25	5.02		11.35	5.43	74.05	2.81

续表

清单序号	项目编码（定额编码）	清单（定额）项目名称	计量单位	数量	综合单价/元					合计/元
					人工费	材料费	机械费	管理费	利润	小计	
11	030411004003	配线	m	28.00	0.61	0.01		0.13	0.06	0.81	22.68
	4-12-5	穿照明线 铜芯导线截面（mm²）2.5 以内	100m	0.28	61.02	1.18		13.25	6.35	81.80	22.90
12	030411004004	配线	m	15.20	0.60	0.01		0.13	0.06	0.80	12.16
	4-12-4	穿照明线 铜芯导线截面（mm²）1.5 以内	100m	0.15	59.81	1.18		12.99	6.22	80.20	12.03
13	030411006001	接线盒	个	18.00	2.78	0.93		0.60	0.29	4.60	82.80
	4-11-212	暗装接线盒	10个	1.80	27.81	9.33		6.04	2.89	46.07	82.93
14	030905001001	自动报警系统调试	系统	1.00	1245.11	73.76	60.32	283.54	135.76	1798.49	1798.49
	9-5-1	自动报警系统调试（64 点以内）	系统	1.00	1245.11	73.76	60.32	283.54	135.76	1798.49	1798.49

> 思考与练习

1. 单项选择题

（1）ZR-BRV-2×2.5 导线穿管敷设，则定额套用（　　）。
A. 管内穿多芯软导线 B. 管内穿照明线
C. 管内穿动力线 D. 管内穿双绞线

（2）某电缆型号为 KYJY-5×2.5 沿桥架敷设，则定额套用（　　）。
A. 4-8-178 B. 4-12-5
C. 4-8-88 D. 5-1-174

（3）某火灾自动报警工程可燃气体探测器数量为 90 个，声光报警器数量为 32 个，消防广播数量为 45 个，则其火灾自动报警系统调试基价为（　　）元。
A. 4648.87 B. 2511.64
C. 113.55 D. 3200.56

（4）感烟探测器吊顶安装，其定额人工费单价为（　　）。
A. 21.74 B. 23.91
C. 27.65 D. 25.14

（5）按钮安装定额适用于火灾报警按钮和消火栓报警按钮，带电话插孔的手动报警按钮执行按钮定额，基价乘以系数（　　）。
A. 1.1 B. 1.2
C. 1.3 D. 1.4

2. 多项选择题

（1）下列哪些调试属于防火控制装置的调试（　　）。
A. 防火卷帘门控制装置调试 B. 消防水炮控制装置调试
C. 消防水泵控制装置调试 D. 离心式排烟风机控制装置调试
E. 电动防火阀、电动排烟阀调试

（2）安装工程计价采用综合单价法，下列哪些费用应计入综合单价内（　　）。
A. 高层建筑增加费
B. 超高增加费
C. 脚手架搭拆费
D. 定额各章节中规定的各种换算系数
E. 安装与生产同时进行的降效增加

（3）在套用安装预算定额时，遇下列（　　）情况时可对相应定额换算后使用。
A. 感温探测器（有吊顶）安装，执行相应探测器（无吊顶）安装定额
B. VV3×35 铝芯电力电缆头制作安装
C. 带电话插孔的手动报警按钮执行按钮定额
D. 无法兰连接的薄钢板风管安装
E. 刚性防水套管穿卫生间楼板敷设

3. 定额清单综合单价计算题

将正确答案填入表格中的空格处。本题中安装费的人材机单价均按《浙江省通用安装工程预算定额》（2018 版）取定的基价考虑。本题管理费费率 21.72%，利润费率 10.4%，

风险费不计,计算保留 2 位小数。

定额清单综合单价计算表

序号	定额编号	定额项目名称	计量单位	综合单价/元					
				人工费	材料费	机械费	管理费	利润	小计
1		带电话插孔的手动报警按钮(主材价:32元/个)							
2		感烟探测器(有吊顶)安装(主材价:23.5元/个)							

4. 综合应用题

【背景资料】本工程为 5.2.2 案例的完整图纸,图纸背景资料 5.2.2 案例同,电子版图纸请扫二维码下载。配管与配线等长度根据图纸比例按实量取。

火灾自动报警图纸

要求:

(1)计算该工程余下的火灾自动报警系统的工程量;

(2)用《建设工程工程量清单计价规范》(GB 50500—2013)编制分部分项工程量清单;

(3)采用清单计价法编制消防安装工程造价。

项目 6

通风工程计量与计价

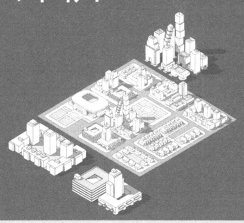

建议课时： 24课时（4+12+8）

教学目标

知识目标： （1）熟悉通风工程图纸识读要点；

（2）掌握通风工程招标控制价编制方法；

（3）掌握通风工程量清单编制及综合单价计算方法。

能力目标： （1）能够准确计算通风工程量；

（2）能够正确编制通风工程量清单，并计算清单综合单价。

思政目标： （1）树立职业理想，培养恪守职业道德的责任感；

（2）提升专业精神和职业技能，以及对行业的热爱；

（3）提高缘事析理、明辨是非的能力。

引言

室内通风是利用自然或机械换气的方式,把室内被污染的空气直接或经过净化后排至室外,同时向室内送入清洁的空气,使室内空气质量达到人们生活生产的标准,送入的空气可以是经过处理的,也可以是未经过处理的。为了达到换气的目的,需要安装室内通风系统。按通风系统的工作动力不同,可分为自然通风和机械通风。

通风工程常用材料和配件

自然通风是借助于风压作用和热压作用使室内外的空气进行交换,从而实现空气环境的改变,如图 6-1 所示。

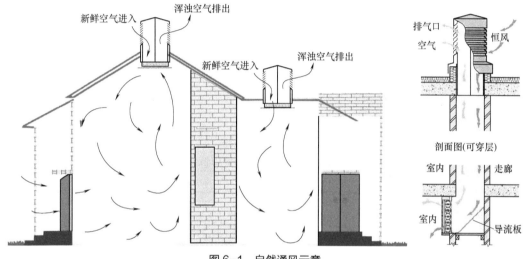

图 6-1 自然通风示意

机械通风是利用机械的动力(风机的压力),并借助通风管网进行室内外空气交换的通风方式。按机械通风系统的作用范围,可分为局部通风(又分为局部送风、局部排风、局部送排风)和全面通风(又分为全面送风、全面排风、全面送排风)。机械通风系统如图 6-2 所示。

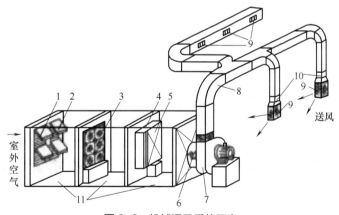

图 6-2 机械通风系统示意
1—百叶窗;2—保温阀;3—过滤器;4—旁通阀;5—空气加热器;6—启动阀;7—通风机;
8—通风管网;9—出风口;10—调节阀门;11—送风室

任务6.1 工程量计算清单规范与定额的学习

6.1.1 通风工程工程量清单相关知识及应用

6.1.1.1 工程量清单项目设置的内容

通风工程工程量清单项目设置、项目特征描述的内容、计量单位及工程量计算规则按《通用安装工程工程量计算规范》（GB 50856—2013）附录 G 有关内容执行。

通风空调工程清单规范

（1）通风空调工程量清单设置。表 6-1 为通风空调工程工程量清单项目设置内容。

表6-1 通风空调工程工程量清单项目设置内容

项目编码	项目名称	分项工程项目
030701	通风及空调设备及部件制作与安装	本部分包括空气加热器（冷却器），除尘设备，空调器，风机盘管，表冷器，密闭门、挡水板，滤水器、溢水盘，金属壳体，过滤器，净化工作台，风淋室，洁净室，除湿机，人防过滤吸收器共15个分项目工程
030702	通风管道制作安装	本部分包括碳钢通风管道，净化通风管道，不锈钢板通风管道，铝板通风管道，塑料通风管道，玻璃钢通风管道，复合型风管，柔性软风管，弯头导流叶片，风管检查孔，温度、风量检测孔，挡烟垂壁共12个分项目工程
030703	通风管道部件制作安装	本部分包括碳钢阀门，柔性软风管阀门，铝蝶阀，不锈钢蝶阀，塑料阀门，玻璃钢蝶阀，碳钢风口、散流器、百叶窗，不锈钢风口、散流器、百叶窗，塑料风口、散流器、百叶窗，玻璃钢风口，铝及铝合金风口、散流器，碳钢风帽，不锈钢风帽，塑料风帽，铝板伞形风帽，玻璃钢风帽，碳钢罩类，塑料罩类，柔性接口，消声器，静压箱，人防超压自动排气阀，人防手动密闭阀，人防其他部件共24个分项目工程
030704	通风工程检测，调试	本部分包括通风工程检测、调试，风管漏光试验、漏光试验共2个分项目工程

（2）通风管道制作安装工程工程量清单规范的应用说明

① 风管展开面积的计算，不扣除检查孔、测定孔、送风口、吸风口等所占面积；风管长度一律以设计图中心线长度为准（主管与支管以其中心线交点划分），包括弯头、三通、变径管等管件的长度，但不包括设备和部件（如风机、空调机、各类风阀、消声器及静压箱等）所占的长度，不包括风管、风口重叠部分面积。防排烟系统如图 6-3 所示。

风管渐缩管：圆形风管按平均直径计算，矩形风管按平均周长计算。

② 穿墙套管按展开面积计算，计入通风管道工程量中。

③ 通风管道的法兰垫料或封口材料，按设计图纸要求应在项目特征中描述。

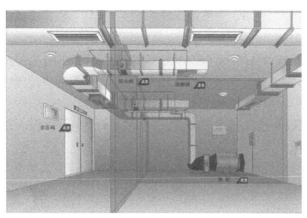

图 6-3　防排烟系统图示（风机、风管、防火阀、排烟阀等）

④ 净化通风管道的空气洁净度按 100000 级标准编制。净化通风管使用的型钢材料如要求镀锌时，工作内容应注明支架镀锌。

⑤ 弯头导流叶片数量，按设计图纸或规范要求计算。

⑥ 风管检查孔、温度测定孔、风量测定孔数量，按设计图纸或规范要求计算。

（3）通风管道部件制作安装工程工程量清单规范的应用说明

① 碳钢阀门。包括空气加热器上通阀、空气加热旁通阀、圆形瓣式启动阀、风管蝶阀、风管止回阀、密闭式斜插板阀、矩形风管三通调节阀、对开多叶调节阀、风管防火阀、各型风罩调节阀。常用碳钢阀门见图 6-4。

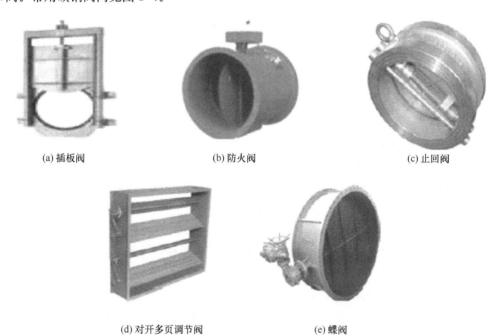

(a) 插板阀　　　　　(b) 防火阀　　　　　(c) 止回阀

(d) 对开多页调节阀　　　　(e) 蝶阀

图 6-4　常用碳钢阀门

② 塑料阀门。包括塑料蝶阀、塑料插板阀、各型风罩塑料调节阀。

③ 碳钢风口、散流器、百叶窗。包括百叶风口、矩形送风口、矩形空气分布器、风管插板

风口、旋转吹风口、圆形散流器、方形散流器、流线型散流器、送吸风口、活动箅式风口、网式风口、钢百叶窗等。

④ 碳钢罩类。包括皮带防护罩、电动机防护罩、侧吸罩、中小型零件焊接台排气罩、整体分组式槽边侧吸罩、吹吸式槽边侧风罩、条缝侧边抽风罩、泥芯烘炉排气罩、升降式回转排气罩、上下吸式圆形回转罩、升降式排气罩、手锻炉排气罩。

⑤ 塑料罩类。包括塑料槽边侧吸罩、塑料槽边风罩、塑料条缝槽边抽风罩。

⑥ 柔性接口。包括金属、非金属软接口及伸缩节。

⑦ 消声器。包括片式消声器、矿棉管式消声器、聚酯泡沫管式消声器、卡布隆纤维管式消声器、弧形声流式消声器、阻抗复合式消声器、微穿孔板消声器、消声弯头。管式消声器如图 6-5 所示，消声弯头如图 6-6 所示。

图 6-5　管式消声器

图 6-6　消声弯头

⑧ 通风部件要求制作和安装或用成品部件只安装不制作，这类特征在项目特征中应明确描述。

⑨ 静压箱（图 6-7）的面积计算。按设计图尺寸展开面积计算，不扣除开口的面积。

（4）通风工程检查、调试工程工程量清单规范的应用说明

① 通风空调工程适用于通风（空调）设备及部件、通风管道及部件的制作安装。

② 冷冻机组站内的设备安装、通风机安装及人防两用通风机安装，应按《通用安装工程工程量计算规范》（GB 50856—2013）附录 A 机械设备安装工程相关项目编码列项。

图 6-7　静压箱

③ 冷冻机组站内的管道安装，应按《通用安装工程工程量计算规范》（GB 50856—2013）附录 H 工业管道工程相关项目编码列项。

④ 冷冻站外墙皮以外通往通风空调设备的供热、供冷、供水等管道，应按《通用安装工程工程量计算规范》（GB 50856—2013）附录 K 给排水、采暖、燃气工程相关项目编码列项。

⑤ 设备和支架的除锈、刷漆、保温及保护层安装，应按《通用安装工程工程量计算规范》（GB 50856—2013）附录 M 刷油、防腐蚀、绝热工程相关项目编码列项。

6.1.1.2 通风风管制作安装、风管部件制作安装工程清单规范项目特征

（1）碳钢通风管道项目特征描述

① 名称和材质可以合并为一条写，如"镀锌薄钢板法兰风管制作、安装"。其中，名称为法兰风管，法兰指各段风管连接的方式；制作、安装需根据设计图纸或招标文件规定进行注明，如不注明制作，则代表风管为成品安装。

② 形状根据设计图纸进行描述，如圆形、矩形或椭圆形等。

③ 规格：圆形风管可写风管直径，矩形风管可写风管截面尺寸。推荐按照风管展开面积汇总数据，按照风管制作安装定额子目划分原则，用区分矩形风管长边长××mm以内、圆形风管直径××mm以内的方式进行描述。

④ 板材厚度按照设计图纸中数据填写。

⑤ 接口形式。风管接口形式指矩形、圆形风管板材的接口，常规做法为咬口。咬口是通过多个U形扣卡将两段铁皮的翻边卡扣在一起。

⑥ 管件、法兰等附件及支架设计要求。如附件及吊托支架为常规做法，则描述为管件、法兰等附件及吊托支架制作安装。如吊托支架为落地支架等，应做详细描述。

（2）碳钢阀门项目特征描述

① 名称。根据设计图纸填写碳钢阀门名称，且要注明是制作安装还是成品安装。

② 规格、型号可合并为一条填写。

③ 质量和类型。设计图纸中如无相关内容，可不描述。

④ 支架形式、材质。除防火阀需单独计取其支架费用外，其他碳钢阀门支架制作安装费用已包含在定额子目中，可不描述其支架信息。防火阀需描述支架的形式、材质及工程量。

（3）静压箱项目特征描述

① 名称。根据设计图纸填写静压箱名称，且要注明是制作安装还是成品安装。

② 规格。根据设计图纸填写静压箱规格。如静压箱现场制作，其规格项目特征需描述其制作工程量，单位为m^2。

③ 材质。静压箱制作定额子目列项为采用镀锌薄钢板，厚度为1.0mm，所以项目特征还应描述钢板的厚度。另外，静压箱如贴吸声材料，也需描述其材质特性。

④ 支架形式、材质。如设计图纸中未给出相关信息，则根据静压箱安装方式确定其支架形式，如吊架、落地式支架等，材质为型钢。另外，静压箱支架项目特征需描述支架个数，及其单件质量，且注明是制作安装还是成品安装。

6.1.2 通风工程定额相关知识与定额应用

6.1.2.1 定额相关知识

（1）定额内容。通风工程使用《浙江省通用安装工程预算定额》（2018版）第七册（以下简称本定额）《通风空调工程》。第七册定额共五章，分别为通风

通风工程定额

空调设备及部件制作、安装，通风管道制作、安装，通风管道部件制作、安装，人防通风设备及部件制作、安装，通风空调工程系统调试。

（2）下列内容执行其他册相应定额

① 通风设备、除尘设备为专供通风工程配套的各种风机及除尘设备。其他工业用风机（如热力设备用风机）及除尘设备安装应执行本定额第一册《机械设备安装工程》、第二册《热力设备安装工程》相应定额。常用风机名称及图示见图6-8。

(a) 离心式风机

(b) 轴流式风机

图6-8 常用风机示意

② 空调系统中管道配管执行本定额第十册《给排水、采暖、燃气工程》相应定额，制冷机机房、锅炉房管道配管执行本定额第八册《工业管道工程》相应定额。

③ 刷油、防腐蚀、绝热工程执行本定额第十二册《刷油、防腐蚀、绝热工程》相应定额。

a. 薄钢板风管刷油按其工程量执行相应定额，仅外（或内）面刷油定额乘以系数1.20，内外均刷油定额乘以系数1.10（其法兰加固框、吊托支架已包括在此系数内）。

b. 薄钢板部件刷油按其工程量执行金属结构刷油项目，定额乘以系数1.15。

c. 薄钢板风管、部件以及单独列项的支架，其除锈不分锈蚀程度，均按其第一遍刷油的工程量，执行本定额第十二册《刷油、防腐蚀、绝热工程》中除轻锈的定额。

④ 安装在支架上的木衬垫或非金属垫料，发生时按实际计入成品材料价格。

⑤ 定额中未包括风管穿墙、穿楼板的孔洞修补，发生时执行《浙江省房屋建筑与装饰工程预算定额》（2018版）的相应定额。

⑥ 设备支架的制作与安装，减震器、隔震垫的安装，执行本定额第十三册《通用项目和措施项目工程》的相应定额。

【例6-1】下列哪些安装定额子目不包括支架制作与安装（　　　）。

A. 消声器安装　　　　B. 过滤吸收器安装　　　　C. 滤尘器安装

D. 静压箱吊装　　　　E. 诱导器吊装

【答案】BCD

【解析】A：本定额第七册《通风空调工程》P92，消声器安装工作内容包含吊托支架制作安装。

B、C：本定额第七册P101，滤尘器、过滤吸收器安装子目不包括支架制作安装，其支架制作安装执行本定额第十三册《通用项目和措施项目工程》的相应定额。

D：本定额第七册P95，静压箱安装工作内容包括吊装、组队、制垫、加垫、找平、找正、紧固固定，不包含支架制作安装

E：本定额第七册P5、P12，诱导器安装执行风机盘管安装子目，风机盘管工作内容包含制作安装吊架。

6.1.2.2 定额有关说明

（1）风管制作与安装定额说明

① 通风管道制作、安装定额包括镀锌薄钢板法兰风管制作安装、镀锌薄钢板共板法兰风管制作安装、薄钢板法兰风管制作安装、镀锌薄钢板矩形净化风管制作安装、不锈钢板风管制作安装、铝板风管制作安装、塑料风管制作安装、玻璃钢通风管道安装、复合型风管制作安装、柔性风管安装项目。

通风管道制作、安装定额子目按照风管板厚，分圆形和矩形分列项目，类型及图示见图6-9。

(a) 镀锌薄钢板法兰矩形风管　　(b) 镀锌薄钢板共板法兰矩形风管　　(c) 镀锌薄钢板法兰圆形风管

(d) 不锈钢板圆形风管　　(e) 复合型风管

(f) 玻璃钢风管

图 6-9　风管类型及图示

② 下列费用可按系数分别计取。

a. 薄钢板风管整个通风系统设计采用渐缩风管（图6-10）均匀送风者，圆形风管按平均直径、矩形风管按平均长边长参照相应规格子目，其人工费乘以系数 2.5。

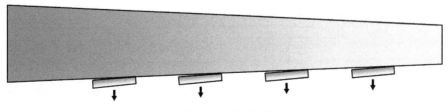

图 6-10　渐缩风管

b. 如制作空气幕送风管时，按矩形风管平均长边长执行相应风管规格子目，其人工费乘以系数 3.0。

c. 圆弧形风管制作安装参照相应规格子目，人工费、机械费乘以系数 1.4。

③ 风管制作、安装定额有关说明如下。

a. 风管导流叶片不分单叶片和香蕉形双叶片均执行同一子目。

b. 薄钢板通风管道、净化通风管道、玻璃钢通风管道、复合型风管制作安装子目中，包括弯头、三通、变径管、天圆地方等管件及法兰、加固框和吊托支架的制作安装，不包括过跨风管落地支架，落地支架制作安装执行本定额第十三册《通用项目和措施项目工程》的相应定额。

c. 净化圆形风管制作安装执行本章净化矩形风管制作安装子目。

d. 净化风管涂密封胶按全部口缝外表面涂抹考虑。如设计要求口缝不涂抹而只在法兰处涂抹时，每 $10m^2$ 风管应减去密封胶 1.5kg 和 0.37 工日。

e. 净化风管及部件制作安装子目中，型钢未包括镀锌费，如设计要求镀锌时，应另加镀锌费。

f. 净化通风管道子目按空气洁净度 100000 级编制。

g. 不锈钢板风管、铝板风管制作安装子目中包括管件，但不包括法兰和吊托支架；法兰和吊托支架应单独列项计算，执行相应子目。

h. 不锈钢板风管咬口连接制作安装参照本章镀锌薄钢板法兰风管制作安装子目，其中材料费乘以系数 3.5，不锈钢法兰和吊托支架不再另外计算。

i. 风管制作安装子目规格所表示的直径为内径，边长为内边长。

j. 塑料风管制作安装子目中包括管件、法兰、加固框，不包括吊托支架的制作安装，吊托支架执行本定额第十三册《通用项目和措施项目工程》的相应定额。

k. 塑料风管制作安装子目中的法兰垫料如与设计要求使用品种不同时可以换算，但人工费消耗量不变。

④ 风管制作安装工程量计算规则如下。

a. 风管制作安装按设计图示内径尺寸以展开面积计算，以"m^2"为计量单位，不扣除检查孔、测定孔、送风口、吸风口等所占面积。

$$F=\pi DL$$

式中，F 为圆形风管展开面积，m^2；D 为圆形风管直径，m；L 为管道中心线长度，m。

矩形风管按图示周长乘以管道中心线长度计算。

b. 风管长度计算时均以设计图示中心线长度（主管与支管以其中心线交点划分）为参照，包括弯头、变径管、天圆地方等管件的长度，不包括部件所占长度。部分计算式见表 6-2。

表 6-2 风管管件图示及展开面积计算式

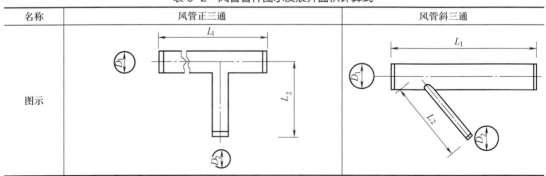

续表

名称	风管正三通	风管斜三通
展开面积	主管：$S_1=\pi D_1 L_1$ 支管：$S_2=\pi D_2 L_2$	主管：$S_1=\pi D_1 L_1$ 支管：$S_2=\pi D_2 L_2$
名称	风管正三通	圆形风管异径管
图示		
展开面积	主管：$S_1=\pi D_1 L_1$ 支管1：$S_2=\pi D_2 L_2$ 支管2：$S_3=\pi D_3(L_{31}+L_{32}+r\theta)$ 式中，θ 为弧度，θ = 角度 ×0.01745，角度为中心线夹角；r 为弯曲半径	$S=(\pi D_1+\pi D_2)/2L$ 注：矩形风管异径管为 $S=(A_1+B_1+A_2+B_2)L$ A_1、A_2、B_1、B_2 为矩形风管异径管的截面长和宽

【例 6-2】某工程设计矩形镀锌薄钢板（δ=1.2mm）风管规格为 300mm×350mm，长度为 8.18m，咬口连接。试计算风管工作量及主材消耗量，并说明如何套用定额。

解：依据已知条件及上述计算公式：

$$F_{矩}=2\times(0.3+0.35)\text{m}\times 8.18\text{m}=10.63\text{m}^2=1.063\times 10\text{m}^2$$

套用定额 7-2-7。主材即为该镀锌薄钢板本身，其消耗量为 $1.063\times 10\text{m}^2\times 11.38=12.097\text{m}^2$。

c. 柔性软风管安装按设计图示中心线长度计算，以"m"为计量单位。

d. 弯头导流叶片制作安装按设计图示叶片的面积计算，以"m²"为计量单位。

e. 软管（帆布）接口（图 6-11）制作安装按设计图示尺寸，以展开面积计算，以"m²"为计量单位。

图 6-11 帆布接口示意

f. 风管检查孔制作安装按设计图示质量计算，以"kg"为计量单位。

g. 温度、风量测定孔制作安装依据其型号，按设计图示数量计算，以"个"为计量单位。

h. 固定式挡烟垂壁按设计图示长度计算，以"m"为计量单位。

（2）通风管道部件制作安装定额说明

① 制作与安装内容包括通风管道各种调节阀、风口、散流器、消声器、静压箱、风帽、罩类的制作安装等。

② 通风管道部件制作安装有关说明如下。

a. 碳钢阀门安装定额适用于玻璃钢阀门安装，铝及铝合金阀门安装执行碳钢阀门安装的相应定额，人工费乘以系数0.8。

b. 蝶阀安装子目适用于圆形保温蝶阀，方、矩形保温蝶阀，圆形蝶阀，方、矩形蝶阀；风管止回阀安装子目适用于圆形风管止回阀、方形风管止回阀。

c. 对开多叶调节阀安装定额适用于密闭式对开多叶调节阀与手动式对开多叶调节阀。

d. 木风口、碳钢风口、玻璃钢风口安装，执行铝合金风口的相应定额，人工费乘以系数1.2。常用风口图示见图6-12。

(a) 对开多叶风口

(e) 矩形单层百叶风口

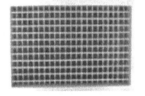

(b) 双层矩形格栅式风口

(f) 矩形散流器

(c) 圆形散流器

(g) 方形散流器

(d) 圆形百叶风口

(h) 条形百叶风口

图6-12 常用风口

e. 送吸风口安装定额适用于铝合金单面、双面送吸风口。

f. 风口的宽与长之比≤0.125 为条缝形风口，执行百叶风口的相关定额，人工费乘以系数 1.1。

g. 铝制孔板风口如需电化处理时，电化费另行计算。

h. 风机防虫网罩（图 6-13）安装执行风口安装相应定额，基价乘以系数 0.8。

i. 带调节阀（过滤器）百叶风口（图 6-14）的安装、带调节阀散流器的安装，执行铝合金风口安装的相应定额，基价乘以系数 1.5。

图 6-13　风机防虫网罩

图 6-14　带调节阀百叶风口

③ 通风管道部件制作与安装工程量计算规则如下。

a. 碳钢调节阀安装依据其类型、直径（圆形）或周长（方形），按设计图示数量计算，以"个"为计量单位。

b. 柔性软风管阀门安装按设计图示数量计算，以"个"为计量单位。

c. 各种风口、散流器的安装依据类型、规格尺寸按设计图示数量计算，以"个"为计量单位。

d. 百叶窗及活动金属百叶风口安装依据规格尺寸按设计图示数量计算，以"个"为计量单位。

e. 塑料通风管道柔性接口及伸缩节制作安装应依连接方式按设计图示尺寸以展开面积计算，以"m^2"为计量单位。

f. 塑料通风管道分布器、散流器的制作安装按其成品质量，以"kg"为计量单位。

g. 不锈钢风口安装、圆形法兰制作安装、不锈钢板风管吊托支架制作安装按设计图示尺寸以质量计算，以"kg"为计量单位。

h. 铝板圆伞形风帽，铝板风管圆形、矩形法兰制作按设计图示尺寸以质量计算，以"kg"为计量单位。

i. 碳钢风帽的制作安装均按其质量计算，以"kg"为计量单位；非标准风帽制作安装按成品质量以"kg"为计量单位。风帽为成品安装时制作不再计算。

j. 碳钢风帽筝绳制作安装按设计图示规格长度以质量计算，以"kg"为计量单位。

k. 碳钢风帽泛水制作安装按设计图示尺寸以展开面积计算，以"m^2"为计量单位。

l. 碳钢风帽滴水盘制作安装按设计图示尺寸以质量计算，以"kg"为计量单位。

m. 玻璃钢风帽安装依据成品质量按设计图示数量计算，以"个"为计量单位。

n. 罩类的制作安装均按其质量计算，以"kg"为计量单位；罩类为成品安装时制作不再计算。

o. 微穿孔板消声器、管式消声器、阻抗式消声器成品安装按设计图示数量计算，以"节"为计量单位。

p. 消声弯头安装按设计图示数量计算，以"个"为计量单位。

q. 消声静压箱安装按设计图示数量计算，以"个"为计量单位。

r. 静压箱制作安装按设计图示尺寸以展开面积计算，以"m²"为计量单位。

s. 厨房油烟过滤排气罩以"个"为计量单位。

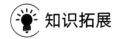知识拓展

静压箱

静压箱是送风系统减少动压、增加静压、稳定气流和减少气流振动的一种必要的配件，它可使送风效果更加理想。在风机出口处或在空气分布器前设置静压箱并贴以吸声材料，同时起到稳定气流和消声器的作用，因此也被称为消声静压箱，如图 6-15 所示。

图 6-15　静压箱

④ 第七册定额各项费用的规定如下。

a. 脚手架搭拆费。脚手架搭拆费是指施工需要的各种脚手架搭、拆、运输费用及脚手架的摊销（或租赁）费用。

通风空调工程的脚手架搭拆费可按第十三册《通用项目和措施项目工程》定额第二章措施项目工程相应定额子目（13-2-7）计算，以"工日"为计量单位。

b. 建筑物超高增加费。建筑物超高增加费是指施工中施工高度超过 6 层或 20m 的人工降效，以及材料垂直运输增加的费用。

层数指设计的层数（含地下室、半地下室的层数）。阁楼层、面积小于标准层 30% 的顶层及层高在 2.2m 以下的地下室或技术设备层不计算层数。

高度指建筑物从地下室设计标高至建筑物檐口底的高度，不包括突出屋面的电梯机房、屋顶亭子间及屋顶水箱的高度等。

通风空调工程的建筑物超高增加费可按第十三册《通用项目和措施项目工程》定额第二章措施项目工程相应定额子目（13-2-46 ~ 13-2-53）计算，以"工日"为计量单位。

c. 操作高度增加费。通风空调工程操作高度增加指操作物高度距离楼地面 6m 以上的分部分项工程，按照其超过部分高度选取第十三册《通用项目和措施项目工程》定额第二章措施项目工程相应定额子目（13-2-83）计算，以"工日"为计量单位。

任务6.2

通风工程工程量计算

6.2.1 工程图纸识读

6.2.1.1 识图方法及要点

（1）图例。常用通风机和风管部件图例分别见表6-3、表6-4。

表6-3 常用通风机图例

序号	名称	图例
1	离心式风机	
2	轴流式风机	

表6-4 常用风管部件图例

名称	图形	名称	图形
带导流叶片弯头		消声弯头	
伞形风帽		送风口	
回风口		圆形散流器	
方形散流器		插板阀	
蝶阀		对开式多叶调节阀	
光圈式启动调节阀		风管止回阀	
防火阀		三通调节阀	

（2）识读步骤。在一般情况下，根据通风系统安装工程施工图所包含的内容，可按以下步骤对通风系统安装工程施工图进行识读。

① 阅读图纸目录。通过阅读图纸目录，了解整套通风系统安装工程施工图的基本概念，包括图纸张数、名称以及编号等。

② 阅读设计和施工总说明。通过阅读设计和施工总说明，全面了解通风系统的基本概念和施工要求。

③ 阅读图例符号说明。通过阅读图例符号说明，了解施工图中所用到的图例符号的含义。

④ 阅读系统原理图。通过阅读系统原理图，了解通风系统的工作原理和流程。

⑤ 阅读平面图。通过阅读通风系统平面图，详细了解通风系统中设备、管道、部件等的平面布置情况。

⑥ 阅读剖面图。通风系统安装工程剖面图应与平面图结合在一起识读。对于在平面图中一些无法了解到的内容，可以根据平面图上的剖切符号查找相应的剖面图进行阅读。

6.2.1.2 通风工程图纸识读要点

（1）通风系统平面图的识读

① 通风系统平面图是用来描述通风系统在建筑物中平面布置情况的图纸。其通常包括以下内容。

a. 标题栏。包括本张图纸的名称、编号、设计人员等内容。

b. 建筑物平面图。包括建筑物的轮廓、主要轴线号、轴线尺寸、室内外地坪标高、各房间名称和指北针。

c. 通风设备。包括通风风机和空气出入设备等的轮廓、名称、位置等。

d. 风管系统。通常用双线来表示，包括风管的大小和布置情况，风管上各配附件（如三通、防火阀、送排风口等）的型号和布置情况，风管上其他设备（如消声器等）的型号、轮廓和布置情况等。

e. 尺寸标注。包括风管及其配附件的定型尺寸、各种设备和基础的定型尺寸和定位尺寸。风管尺寸标注为风管截面尺寸，如 1000×500，指风管截面宽度为 1000mm、高度为 500mm。

f. 剖切和详图符号。对于需要进一步说明的部位，在平面图中还标注有剖切符号或详图索引符号。

g. 施工说明。对于需要特别指出的施工要求，有时还写有施工说明。

h. 设备表。在有些平面图中还设有图中所用到的设备和配附件的详细列表，包括型号、名称、数量等。

② 通风系统平面图的识读步骤

a. 阅读标题栏或图名。通过阅读了解图纸名称、比例、设计人员等内容。

b. 通览全图。大致阅读全部图纸，了解在次平面图中包含几个通风系统，以便分别加以识读。

c. 阅读相关建筑平面图。在这个步骤中，主要了解图中与通风系统相关的建筑物的基本情况，包括建筑物各部位的划分情况以及各部分的名称和用途。

d. 阅读通风系统。在阅读通风系统时，可按照空气的流动顺序进行识读。对于送风系统，应该首先找到送风的起始点。送风系统的起始点可能是新风机组、风机或其他部位引入的风管。然后从送风的起始点开始识读，了解沿途送风管道及其配附件的尺寸和布置情况、设备的型号和布置情况、送风口的尺寸和布置情况。对于回风或排风系统，从建筑物的排风口开始识读，了解沿途排风口的尺寸和布置情况、排风管道及其配附件的尺寸和布置情况、设备的型号和布置情况。对于在一张平面图中存在多个通风系统的情况，应该识读完一个系统后再识读另一个系统，以免造成混淆，影响读图的速度和效果。

e. 阅读剖切符号和剖面图。在平面图中，如果标有剖切符号，可根据实际情况找出相应的剖面图，通过对剖面图的识读详细了解此部位的系统布置情况。

f. 阅读尺寸标注。通过对尺寸标注的识读，详细了解系统中各种设备、管道、配附件的安装位置。

g. 阅读施工说明。通过对施工说明的阅读，了解在通风系统施工时应该注意的事项。

h. 阅读详图索引符号。在必要时，阅读图中的详图索引符号，找出相应的详图进行阅读。

i. 阅读设备表。通过对设备表的阅读，了解通风工程平面图、系统图及剖面图中包含的工程内容的名称、符号等详细情况。

（2）通风系统剖面图识读。当风管或水管数量较多、布置较复杂，在平面图中无法清晰表达时，通常都会有剖面图或局部剖面图。通风系统剖面图主要包括以下内容。

① 图名和比例。

② 建筑物轮廓。

③ 风管、水管、风口、设备等的布置情况。

④ 尺寸标注：包括管道、设备的尺寸与标高，管道、设备与建筑物结构（如梁、板、柱等）及地面之间的定位尺寸，气流、水流走向等。

⑤ 详图索引符号。

⑥ 施工说明：对于图中特别指出的施工要求，有时还会写有施工说明。

⑦ 通风系统剖面图的识读步骤

a. 阅读标题栏，了解图名、比例、设计人员等内容。

b. 阅读相关图例，了解图中管道代号、符号和图例的含义。

c. 阅读建筑物平面图，了解机房的建筑结构。

d. 根据图中的设备编号，查阅相关设备材料明细表，了解机房内有哪些通风设备及其布置情况。

e. 按照一定的顺序阅读机房内的管道系统（可以以不同设备或不同类型的管道为序进行识读）。对一条管道的识读可以按介质流动方向进行。在识读时还应了解管道上仪表和配附件的布置情况。

f. 阅读尺寸标注，了解设备和管道的定位情况。

g. 阅读剖切符号和剖面图。当平面图中有剖切符号时，可根据实际需要找出对应的剖面图进行识读。

h. 阅读详图索引符号及施工说明。

（3）通风工程系统图的识读

① 通风系统安装工程施工图中的系统图采用单线或双线的形式，形象地表达了通风系统的设备和管道的空间位置。通风系统轴测图所包含的主要内容如下。

a. 标题栏或图名。

b. 图例说明和文字说明。

c. 通风设备的名称或编号及其布置情况。

d. 管道系统及其配附件的布置情况。

e. 标注，包括管道的尺寸、介质走向和标高。

② 通风工程系统图的识读方步骤

a. 阅读标题栏或图名。

b. 阅读图例和文字说明（在机房系统轴测图中常有接口说明）。

③ 找出系统中主要设备或介质流动的起始点。这里所指的系统主要设备，对通风系统而言通常是空气处理设备，对于水系统或制冷剂系统而言通常是空调制冷机组。有的系统图无主要设备，这时应将介质流动的起始点作为识读的起点。

④ 从起始点出发，了解沿途管道的空间走向，了解各配附件、仪表等的类型和数量。当系统图中有多条管道时，应逐一识读。在识读过程中应注意与平面图和剖面图结合起来，了解系统图中的管道代表的是平面图、剖面图中的哪条管道。

⑤ 阅读尺寸标注、标高和坡度，了解各管道尺寸、标高和坡度走向。

6.2.2　通风系统工程量计算案例

（1）工程基本概况。本工程为某办公大厦通风及排烟工程，图中标高以"m"计，其余以"mm"计。图例如表 6-5 所示，通风系统平面图如图 6-16 所示。

① 排烟风机与送风机皆为吊装，风机轴线与风管轴线一致。

② 风管部件规格见图 6-16 标注。

③ 本工程风管采用镀锌薄钢板，咬口连接。其中，矩形排烟风管 1000mm×500mm、1000mm×320mm，钢板厚度 $\delta=1.0$mm；矩形送风风管 500mm×250mm，钢板厚度 $\delta=0.6$mm。

办公大厦通风施工图

④ 在排烟风机和送风风机轴线外墙上，分别安装了一个 $\phi800$mm、$\phi D500$mm 的铝合金防雨单层百叶风口（带防虫网）。

⑤ 排烟系统排烟风管上的静压箱为在现场制作及安装。

⑥ 图 6-16 中防火阀、风管止回阀、铝合金单层百叶风口、板式排烟口均为成品安装。风口及排烟口材质为铝合金。

⑦ 排烟和送风系统主风管（1000mm×500mm、500mm×250mm）上，各设置一个风量测定孔。

⑧ 防火阀单个支架重量：$\phi500$mm 及 500mm×250mm 为 3.873kg，$\phi800$mm 为 5.004kg，1000mm×

500mm 为 5.758kg。1100mm×1300mm×1000mm 静压箱单个支架质量为 7.475kg。ϕ800mm 排烟轴流风机单个支架质量为 16.511kg；ϕ500mm 送风风机单个支架质量为 10.921kg。以上风机设备及风管部件支架各设置两个。

⑨ 本工程风管法兰、法兰加固框、支吊架、风机支架、静压箱支架、防火阀支架除锈，刷红丹漆两遍。

表 6-5　图例

图形	名称
	天圆地方
	风管变径
	对开多页调节阀
	风管止回阀
	风管软接
	防火阀（排烟阀）
	轴流风机
	静压箱，A1 级防火材料制作，耐火极限不应小于所属管道耐火极限
	板式排烟口
	铝合金单层百叶风口

（2）工程量计算与汇总。任务要求：按照《通用安装工程工程量计算规范》（GB 50856—2013）、《浙江省建设工程计价规则》（2018 版）、《浙江省通用安装工程预算定额》（2018 版）的内容列项，计算某办公大厦排烟与送风系统工程量，并汇总工程量。小数点保留两位。

第一步：分块计算排烟与送风工程量再进行汇，结果如表 6-6 所列。

第二步：根据第一步工程量计算结果，按项目名称的属性（规格、材质、咬口方式，安装方式等）进行工程量汇总，结果如表 6-7 所列。

144　安装工程计量与计价

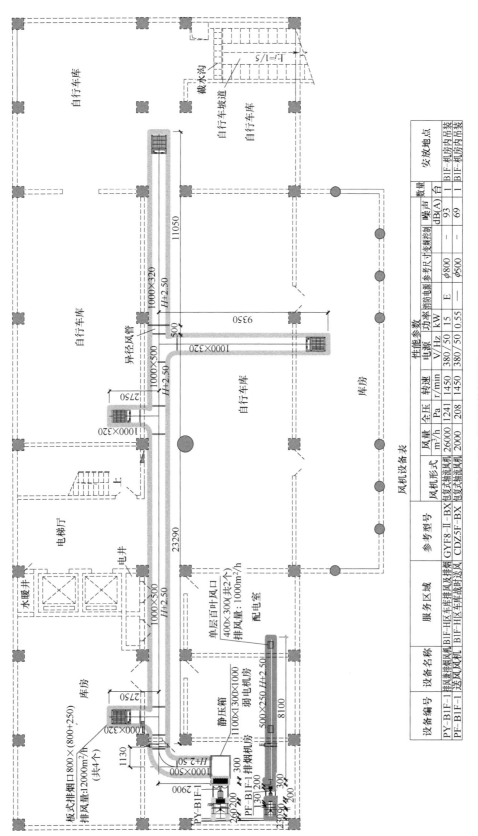

图6-16　通风系统平面图

表6-6 某办公大厦排烟与送风系统工程量计算表

序号	项目名称	单位	数量	计算式
1	镀锌钢板风管制作安装，法兰，咬口连接，$\delta=1.0$mm	m²	0.65	风管直径：ϕ800mm 长度：0.26m（止回阀接至外墙风口段） 面积：3.14×0.8×0.26=0.65
2	镀锌钢板风管制作安装，法兰，咬口连接，$\delta=1.0$mm	m²	81.96	风管截面：1000mm×500mm 长度：2.90+1.13+23.29=27.32（m）（静压箱至弯头，至异径风管段） 面积：(1+0.5)×2×27.32=81.96
3	镀锌钢板风管制作安装，法兰，咬口连接，$\delta=1.0$mm	m²	1.41	变径风管：1000mm×500mm～1000mm×320mm 长度：0.5m 面积：(1+0.5+1+0.32)×0.5=1.41
4	镀锌钢板风管制作安装，法兰，咬口连接，$\delta=1.0$mm	m²	68.38	风管截面：1000mm×320mm 长度：2.75×2+11.05+9.35=25.90（m） 面积：(1+0.32)×2×25.90=68.38
5	镀锌钢板风管制作安装，法兰，咬口连接，$\delta=0.6$mm	m²	0.71	风管直径：ϕ500mm 长度：0.23+0.09+0.13=0.45（m） 面积：3.14×0.5×0.45=0.71
6	镀锌钢板风管制作安装，法兰，咬口连接，$\delta=0.6$mm	m²	0.46	天圆地方风管截面：ϕ500～500mm×250mm 长度：0.3m 面积：(0.5×3.14×0.5+0.5+0.25)×0.3=0.46
7	镀锌钢板风管制作安装，法兰，咬口连接，$\delta=0.6$mm	m²	11.85	风管截面：500mm×250mm 长度：8.10m 面积：(0.5+0.25)×2×(8.10-0.20防火阀)=11.85
8	帆布软风管制作安装	m²	1.88	风管直径：ϕ800mm 长度：0.2+0.3=0.5（m） 风管直径：ϕ500mm 长度：0.2+0.2=0.4（m） 面积：(3.14×0.8×0.5)+(3.14×0.5×0.4)=1.88
9	包复式轴流排风及排烟风机吊装式安装	台	1	
10	包复式轴流送风风机吊装安装	台	1	
11	圆形防火阀ϕ800mm 安装	个	1	
12	圆形防火阀ϕ500mm 安装	个	1	
13	矩形防火阀 1000mm×500mm 安装	个	1	
14	矩形防火阀 500mm×250mm 安装	个	1	
15	止回阀ϕ800mm 安装	个	1	
16	止回阀ϕ500mm 安装	个	1	
17	静压箱 1100mm×1300mm×1000mm 制作	m²	7.66	1.1×1.3×2+1.1×1×2+1.3×1×2
18	静压箱 1100mm×1300mm×1000mm 安装	个	1	
19	板式铝合金排烟风口，800mm×(800mm+250mm)	个	4	
20	单层铝合金百叶风口，400mm×300mm	个	2	
21	铝合金防雨单层百叶风口（带防虫网）ϕ800mm	个	1	
22	铝合金防雨单层百叶风口（带防虫网）ϕ500mm	个	1	
23	防火阀支架制作安装	kg	37.02	3.873×4（ϕ500mm，500mm×250mm 防火阀）+5.004×2（ϕ800mm 防火阀）+5.758×2（1000mm×500mm 防火阀）
24	静压箱支架制作安装	kg	14.95	7.475×2

续表

序号	项目名称	单位	数量	计算式
25	风机支架制作安装	kg	54.86	10.921×2（ϕ500mm 轴流风机）+16.511×2（ϕ800mm 轴流风机）
26	风管支吊架、法兰、法兰加固框	kg	762.76	（0.65+0.71）×（31.536+1.935+1.764）/10+（81.96+1.41+68.38+0.46+11.85）×（32.536+9.27+1.341）/10+1.88×（18.33+8.32）（查取相应风管制作与安装定额子目中材料费中的型钢质量）
27	风管法兰、法兰加固框、支吊架、风机支架、静压箱支架、防火阀支架除锈刷红丹漆两遍	kg	869.59	762.76+54.86+14.95+37.02
28	通风工程检测、调试	系统	2	

表6-7 某办公大厦排烟与送风系统工程量汇总

序号	项目名称、规格	单位	数量	计算式
1	长边长1000mm 以下，镀锌钢板法兰风管制作、安装，矩形，咬口连接，δ=1.0mm	m²	151.75	81.96+1.41+68.38
2	长边长1000mm 以下，镀锌钢板法兰风管制作、安装，矩形，咬口连接，δ=0.6mm	m²	12.31	0.46+11.85
3	直径1000mm 以下，镀锌钢板法兰风管制作、安装，圆形，咬口连接，δ=1.0mm	m²	0.65	
4	直径1000mm 以下，镀锌钢板法兰风管制作、安装，圆形，咬口连接，δ=0.6mm	m²	0.71	
5	帆布软风管制作、安装	m²	1.88	
6	包复式轴流排风及排烟风机吊装式安装	台	1	
7	包复式轴流送风风机吊装安装	台	1	
8	圆形防火阀ϕ800mm 安装	个	1	
9	圆形防火阀ϕ500mm 安装	个	1	
10	矩形防火阀1000mm×500mm 安装	个	1	
11	矩形防火阀500mm×250mm 安装	个	1	
12	止回阀ϕ800mm 安装	个	1	
13	止回阀ϕ500mm 安装	个	1	
14	静压箱1100mm×1300mm×1000mm 制作	m²	7.66	
15	静压箱1100mm×1300mm×1000mm 安装	个	1	
16	板式铝合金排烟风口，800mm×（800mm+250mm）	个	4	
17	单层铝合金百叶风口，400mm×300mm	个	2	
18	铝合金防雨单层百叶风口（带防虫网）ϕ800mm	个	1	
19	铝合金防雨单层百叶风口（带防虫网）ϕ500mm	个	1	
20	防火阀支架制作安装	kg	37.02	
21	静压箱支架制作安装	kg	14.95	
22	风机支架制作安装	kg	54.86	
23	风管支吊架、法兰、法兰加固框	kg	762.76	
24	风管法兰、法兰加固框、支吊架、风机支架、静压箱支架、防火阀支架除锈，刷红丹漆两遍	kg	869.59	
25	通风工程检测、调试	系统	2	

任务6.3

通风系统清单编制与综合单价分析

第一步：根据任务 6.2 中的工程量计算汇总结果，按现行的《通用安装过程工程量计算规范》（GB 50856—2013）附录 G 编制本工程分部分项工程量清单，结果如表 6-8 所示。

表 6-8　某办公大厦火灾自动报警分部分项工程量清单

序号	项目编码	项目名称	项目特征	计量单位	工程量
1	030108003003	轴流通风机	①名称：包复式轴流排风兼排烟风机 ②规格：ϕ800mm，风量 26000m³/h（10#） ③型号：GYF8-Ⅱ-BX ④安装形式：吊装	台	1
2	030108003004	轴流通风机	①名称：包复式轴流送风机 ②规格：ϕ500mm，风量 2000m³/h（10#） ③型号：CDZ5F-BX ④安装形式：吊装	台	1
3	030702001001	碳钢通风管道	①名称、材质：镀锌薄钢板法兰风管制作、安装 ②材质：镀锌钢板 ③形状：矩形 ④规格：长边长 1000mm 以内 ⑤板材厚度：δ=1.0mm ⑥管件、法兰等附件及支架设计要求：制作与安装 ⑦接口形式：咬口连接	m²	151.75
4	030702001002	碳钢通风管道	①名称：镀锌钢板法兰风管制作、安装 ②材质：镀锌钢板 ③形状：矩形 ④规格：长边长 1000mm 以下 ⑤板材厚度：δ=0.6mm ⑥接口形式：咬口连接	m²	12.31
5	030702001003	碳钢通风管道	①名称：镀锌钢板法兰风管制作、安装 ②材质：镀锌钢板 ③形状：圆形 ④规格：直径 1000mm 以下 ⑤板材厚度：δ=1.0mm ⑥接口形式：咬口连接	m²	0.65
6	030702001004	碳钢通风管道	①名称：镀锌钢板法兰风管制作、安装 ②材质：镀锌钢板 ③形状：圆形 ④规格：直径 1000mm 以下 ⑤板材厚度：δ=0.6mm ⑥接口形式：咬口连接	m²	0.71
7	030703019001	柔性接口	①名称：帆布软接口 ②规格：ϕ800mm，ϕ500mm	m²	1.88

续表

序号	项目编码	项目名称	项目特征	计量单位	工程量
8	030703001001	碳钢阀门	①名称：圆形70℃防火阀（成品）安装 ②规格：$\phi 800$mm ③支架形式、材质：独立支吊架制作与安装，支吊架数量2个，单件质量为5.004kg	个	1
9	030703001002	碳钢阀门	①名称：圆形70℃防火阀（成品）安装 ②规格：$\phi 500$mm ③支架形式、材质：独立支吊架制作与安装，支吊架数量2个，单件质量为3.873kg	个	1
10	030703001003	碳钢阀门	①名称：矩形70℃防火阀（成品）安装 ②规格：1000mm×500mm ③支架形式、材质：独立支吊架制作与安装，支吊架数量2个，单件质量为5.758kg	个	1
11	030703001004	碳钢阀门	①名称：矩形70℃防火阀（成品）安装 ②规格：500mm×250mm ③支架形式、材质：独立支吊架制作与安装，支吊架数量2个，单件质量为3.873kg	个	1
12	030703001005	碳钢阀门	①名称：风管止回阀安装 ②规格：$\phi 500$mm	个	1
13	030703001006	碳钢阀门	①名称：风管止回阀安装 ②规格：$\phi 800$mm	个	1
14	030703021001	静压箱	①名称：静压箱制作7.66m^2，安装 ②规格：1100mm×1300mm×1000mm ③支架形式、材质：独立支吊架制作与安装，支吊架数量2个，单件质量为7.475kg	个	1
15	030703011001	铝及铝合金风口、散流器	①名称：单层铝合金百叶风口安装 ②规格：400mm×300mm	个	2
16	030703011002	铝及铝合金风口、散流器	①名称：板式铝合金排烟风口安装 ②规格：800mm×（800mm+250mm）	个	4
17	030703011003	铝及铝合金风口、散流器	①名称：单层铝合金防雨百叶风口（带防虫网）安装 ②规格：$\phi 800$mm	个	1
18	030703011004	铝及铝合金风口、散流器	①名称：单层铝合金防雨百叶风口（带防虫网）安装 ②规格：$\phi 500$mm	个	1
19	031002002001	设备支吊架	①材质：风机支吊架，型钢 ②管架形式：一般支架	kg	54.86
20	031201003001	金属结构刷油	①除锈级别：手工除轻锈 ②油漆品种：红丹漆 ③涂刷遍数、漆膜厚度：2遍	kg	869.59
21	030704001001	通风工程检测、调试	①风管工程量：167.60m^2 ②其他：风管漏光、漏风试验	系统	2

第二步：按照现行的《浙江省通用安装工程预算定额》（2018版）及工程量汇总计算表中给出的未计价材料除税价格，编制本工程的工程量清单综合单价分析表，企业管理费（21.72%）、利润（10.40%）按《浙江省建设工程计价规则》（2018版）中的一般计税法中值计取，风险费暂不计取。结果如表6-9所示。

表6-9 综合单价计算表

清单序号	项目编码（定额编码）	清单（定额）项目名称	计量单位	数量	综合单价/元 人工费	材料(设备)费	机械费	管理费	利润	合计/元
1	030108003003	轴流通风机	台	1.00	662.18	8.21	2.23	144.31	69.10	886.03
	7-1-84	轴流式、斜流式、混流式通风机 安装10#	台	1.00	662.18	8.21	2.23	144.31	69.10	886.03
2	030108003004	轴流通风机	台	1.00	140.13	3.11		30.44	14.57	188.25
	7-1-82	轴流式、斜流式、混流式通风机 安装5#	台	1.00	140.13	3.11		30.44	14.57	188.25
3	030702001001	碳钢通风管道	m²	151.75	39.56	19.99	1.12	8.83	4.23	11188.53
	7-2-8	镀锌薄钢板圆形矩形风管（δ=1.2mm 以内咬口）长边长（mm）≤1000	10m²	15.18	395.55	199.90	11.16	88.30	42.28	11190.54
4	030702001002	碳钢通风管道	m²	11.85	39.56	19.99	1.12	8.83	4.23	873.70
	7-2-8	镀锌薄钢板圆形矩形风管（δ=1.2mm 以内咬口）长边长（mm）≤1000	10m²	1.19	395.55	199.90	11.16	88.30	42.28	877.26
5	030702001003	碳钢通风管道	m²	0.65	53.33	16.92	1.14	11.83	5.66	57.77
	7-2-3	镀锌薄钢板圆形风管（δ=1.2mm 以内咬口）直径（mm）≤1000	10m²	0.07	533.25	169.19	11.44	118.27	56.63	62.21
6	030702001004	碳钢通风管道	m²	0.71	53.33	16.92	1.14	11.83	5.66	63.10
	7-2-3	镀锌薄钢板圆形风管（δ=1.2mm 以内咬口）直径（mm）≤1000	10m²	0.07	533.25	169.19	11.44	118.27	56.63	62.21
7	030703019001	柔性接口	m²	1.88	72.63	142.19	1.79	16.16	7.74	452.16
	7-2-163	软管接口	m²	1.88	72.63	142.19	1.79	16.16	7.74	452.16
8	030703001001	碳钢阀门	个	1.00	136.44	16.42	15.80	33.05	15.82	217.53
	7-3-33	风管防火阀 周长（mm）≤3600	个	1.00	87.48	11.32	4.70	20.01	9.58	133.09
	13-1-39	设备支架制作 单件质量（kg）50以下	100kg	0.10	266.09	15.69	37.78	65.89	31.55	41.70
	13-1-41	设备支架安装 单件质量（kg）50以下	100kg	0.10	223.16	35.25	73.14	64.36	30.82	42.68
9	030703001002	碳钢阀门	个	1.00	87.99	12.76	12.16	21.74	10.41	145.06

续表

| 清单序号 | 项目编码（定额编码） | 清单（定额）项目名称 | 计量单位 | 数量 | 综合单价/元 ||||| 合计/元 |
					人工费	材料（设备）费	机械费	管理费	利润	
	7-3-32	风管防火阀 周长（mm）≤2200	个	1.00	50.09	8.81	3.57	11.65	5.58	79.70
	13-1-39	设备支架制作 单件质量（kg）50以下	100kg	0.08	266.09	15.69	37.78	65.89	31.55	33.36
	13-1-41	设备支架安装 单件质量（kg）50以下	100kg	0.08	223.16	35.25	73.14	64.36	30.82	34.14
10	030703001003	碳钢阀门	个	1.00	143.82	17.19	17.47	35.01	16.76	230.25
	7-3-33	风管防火阀 周长（mm）≤3600	个	1.00	87.48	11.32	4.70	20.01	9.58	133.09
	13-1-39	设备支架制作 单件质量（kg）50以下	100kg	0.12	266.09	15.69	37.78	65.89	31.55	50.04
	13-1-41	设备支架安装 单件质量（kg）50以下	100kg	0.12	223.16	35.25	73.14	64.36	30.82	51.21
11	030703001004	碳钢阀门	个	1.00	87.99	12.76	12.16	21.74	10.41	145.06
	7-3-32	风管防火阀 周长（mm）≤2200	个	1.00	50.09	8.81	3.57	11.65	5.58	79.70
	13-1-39	设备支架制作 单件质量（kg）50以下	100kg	0.08	266.09	15.69	37.78	65.89	31.55	33.36
	13-1-41	设备支架安装 单件质量（kg）50以下	100kg	0.08	223.16	35.25	73.14	64.36	30.82	34.14
12	030703001005	碳钢阀门	个	1.00	31.59	9.04	3.57	7.63	3.65	55.48
	7-3-26	对开多叶调节阀 周长（mm）≤2800	个	1.00	31.59	9.04	3.57	7.63	3.65	55.48
13	030703001006	碳钢阀门	个	1.00	31.59	9.04	3.57	7.63	3.65	55.48
	7-3-26	对开多叶调节阀 周长（mm）≤2800	个	1.00	31.59	9.04	3.57	7.63	3.65	55.48
14	030703021001	静压箱	个	1.00	690.01	305.68	42.31	158.96	76.12	1273.08
	7-3-209	静压箱制作	10m²	0.77	566.33	120.51	25.13	128.37	61.47	694.39
	7-3-207	消声静压箱安装 展开面积（m²）≤10	个	1.00	183.06	205.75	6.48	41.16	19.71	456.16
	13-1-39	设备支架制作 单件质量（kg）50以下	100kg	0.15	266.09	15.69	37.78	65.89	31.55	62.55

项目6 通风工程计量与计价   151

续表

清单序号	项目编码（定额编码）	清单（定额）项目名称	计量单位	数量	综合单价/元 人工费	综合单价/元 材料（设备）费	综合单价/元 机械费	综合单价/元 管理费	综合单价/元 利润	合计/元
	13-1-41	设备支架安装 单件质量（kg）50以下	100kg	0.15	223.16	35.25	73.14	64.36	30.82	64.01
15	030703011001	铝及铝合金风口、散流器	个	2.00	22.68	5.20	0.12	4.95	2.37	70.64
	7-3-44	铝合金百叶风口 周长（mm）≤1800	个	2.00	22.68	5.20	0.12	4.95	2.37	70.64
16	030703011002	铝及铝合金风口、散流器	个	4.00	49.82	7.91		10.82	5.18	294.92
	7-3-90	铝合金板式排烟口 周长（mm）≤4000	个	4.00	49.82	7.91		10.82	5.18	294.92
17	030703011003	铝及铝合金风口、散流器	个	1.00	29.57	9.35	0.12	6.45	3.09	48.58
	7-3-46	铝合金百叶风口 周长（mm）≤3300	个	1.00	29.57	9.35	0.12	6.45	3.09	48.58
18	030703011004	铝及铝合金风口、散流器	个	1.00	22.68	5.20	0.12	4.95	2.37	35.32
	7-3-44	铝合金百叶风口 周长（mm）≤1800	个	1.00	22.68	5.20	0.12	4.95	2.37	35.32
19	031002002001	设备支吊架	kg	54.86	4.89	0.51	1.11	1.30	0.62	462.47
	13-1-39	设备支架制作 单件质量（kg）50以下	100kg	0.55	266.09	15.69	37.78	65.89	31.55	229.35
	13-1-41	设备支架安装 单件质量（kg）50以下	100kg	0.55	223.16	35.25	73.14	64.36	30.82	234.70
20	031201003001	金属结构刷油	kg	869.59	0.53	0.05	0.18	0.15	0.07	852.20
	12-1-5	手工除锈 一般钢结构轻锈	100kg	8.70	20.93	1.53	8.83	6.45	3.09	355.22
	12-2-53	一般钢结构 红丹防锈漆第一遍	100kg	8.70	16.20	1.62	4.42	4.47	2.14	251.00
	12-2-54	一般钢结构 红丹防锈漆增一遍	100kg	8.70	15.66	1.40	4.42	4.35	2.08	242.82
21	030704001001	通风工程检测、调试	系统	2.00	510.44	908.92		110.87	53.09	3166.64
	7-5-1	通风空调系统调试费	100工日	3.09	330.75	588.95		71.84	34.40	3170.15

思考与练习

1. 单项选择题

（1）薄钢板风管刷油按其工程量执行第十二册相应定额，风管内外均刷油，定额应如何换算？（　　）。

A. 定额人工乘以系数 1.2
B. 定额基价及主材乘以系数 1.1
C. 定额基价乘以系数 1.1
D. 定额基价及主材乘以系数 1.2

（2）圆形风管制作安装定额子目的规格所表示的直径为（　　）。

A. 外径
B. 内径
C. 内径与外径的平均直径
D. 公称直径

（3）根据现行计价依据的相关规定，关于安全文明施工费，说法正确的是（　　）。

A. 安全文明施工费的取费基数是分部分项工程费中人工费＋机械费之和
B. 安全文明施工费以实施标准划分，可分为安全施工费和文明施工费
C. 安全文明施工费包括环境保护费、文明施工费、安全施工费和临时设施费
D. 编制招标控制价时，安全文明施工基本费可根据工程难易程度，在现行计价依据规定的取费区间内自行选择取费费率

（4）风管制作安装以施工图规格不同按展开面积计算，不扣除以下（　　）所占面积。

A. 消声器
B. 静压箱
C. 风阀
D. 风口

（5）关于刷油、防腐蚀绝热工程计价，下列说法错误的是（　　）。

A. 如设计要求保温厚度小于 100mm 需分层随工时，保温工程量也应分层计算工程量
B. 槽钢 400mm×100mm×10.5mm 刷油，执行一般钢结构刷油的相应定额
C. 直径 $DN25$mm 以内的阀门保温，已包括在管道保温定额中，不得重复计
D. 标志色环等零星刷油执行相应的刷油定额，其人工乘以系数 2.0

（6）风管长度计算时均以设计图示中心线长度（主管与支管以其中心线交点划分），包括管件的长度，不包括（　　）所占长度。

A. 弯头
B. 防火阀
C. 变径管
D. 天圆地方

（7）某成品单面彩钢复合风管 400mm×200mm（设计图示内径尺寸），该风管长度为 30m，厚度为 25mm，则该复合风管主材的消耗量为（　　）m^2。

A. 42.00
B. 36.00
C. 37.50
D. 38.88

2. 多选题

（1）施工单位现场制作静压箱，则其清单综合单价包括（　　）。

A. 静压箱制作
B. 静压箱安装
C. 设备支架制作
D. 设备支架安装
E. 金属结构刷油

（2）下列哪些费用属于安装工程组织措施费（　　）。

A. 安全文明施工基本费

思考与练习

B. 提前竣工增加费

C. 地上地下设施、建筑物的临时保护费

D. 二次搬运费

E. 冬雨季施工增加费

（3）在套用安装工程预算定额时，遇到下列（　　）情况可对相应定额换算后使用。

A. 消火栓管道墙内暗敷

B. 喷淋管道预安装

C. 智能化工程的线缆在已建天棚内敷设

D. 消防给水管道穿楼板设置的一般钢套管

E. 风机防虫网罩安装执行风口安装相应子目

（4）镀锌钢板风管定额按（　　）分列项目。

A. 板厚　　　　　　　　　　　　B. 截面形状

C. 截面尺寸　　　　　　　　　　D. 只分圆形、矩形风管编列项目

E. 连接方式

（5）下列哪些安装定额子目不包括支架制作安装（　　）。

A. 消声器安装　　　　　　　　　B. 防火阀安装

C. 静压箱吊装　　　　　　　　　D. 滤尘器安装

E. 风量调节阀安装

3. 定额清单综合单价计算题

将正确答案填入表格中的空格处。本题中安装费的人材机单价均按《浙江省通用安装工程预算定额》（2018 版）取定的基价考虑。本题管理费费率 21.72%，利润费率 10.4%，风险费不计，计算保留 2 位小数。

定额清单综合单价计算表

序号	定额编号	定额项目名称	计量单位	综合单价/元					
				人工费	材料费	机械费	管理费	利润	小计
1		带调节阀的木风口 320mm×320mm 安装（主材除税单价 100 元/个）							
2		在墙体里安装 5# 轴流式通风机（5# 轴流式通风机 1400 元/台）							

4. 国标清单综合价计算题（计算保留 2 位小数）

某通风空调工程，安装一台成品静压箱 1500mm×1500mm×800mm，设备支架每台 50kg，设备支架考虑除轻锈、刷红丹防锈漆两遍、刷银粉漆两遍。

根据《通用安装工程工程量计算规范》（GB 50856—2013）和浙江省现行计价依据的相关规定，利用"综合单价计算表"完成"静压箱"安装的国标清单综合单价计算。其中管理费费率按 21.72%、利润费率按 10.4% 计算，风险费不计。

思考与练习

主要设备材料价格

序号	名称	单位	除税单价/元
1	成品静压箱 1500mm×1500mm×800mm	台	3000
2	型钢综合	kg	3.80
3	醇酸防锈漆	kg	8.19
4	银粉漆	kg	10.95

综合单价计算表

工程名称：某通风空调工程

序号	项目编码（定额编码）	清单（定额）项目名称	计量单位	数量	综合单价/元						合计/元
					人工费	材料（设备）费	机械费	管理费	利润	小计	
1											

5. 综合计算题（本题安装费中人、材、机单价均按2018年浙江省安装过程预算定额取定的基价考虑）

（1）工程量计算题（本题共25分，计算保留2位小数）。

如图所示为某9层民用综合楼的部分空调安装工程施工图。试根据说明，按题目要求和步骤计算。

说明：

① 图中标注的尺寸以"mm"计。

② 整个空调系统设计风管采用镀锌薄钢板，厚度统一为1.0mm，咬口连接。

③ 风管采用橡塑板保温，厚度为20mm。

④ 风管支托吊架、法兰加固框除轻绣，刷红丹防锈漆两遍、银粉漆两遍。

⑤ 组合式空调机组下设橡胶减震垫8块，设备支架重量为90kg/台，设备支架除轻绣，刷红丹防锈漆两遍、银粉漆两遍。

⑥ 成品微穿孔板消声器规格1500mm×400mm，长度为1m，设备支架重量为30kg/个，设备支架除轻绣，刷红丹防锈漆两遍、银粉漆两遍。

⑦ 成品消声静压箱规格为1400mm×1800mm×800mm，设备支架重量为40kg/个，设备支架除轻绣，刷红丹防锈漆两遍、银粉漆两遍。

⑧ 风管防火阀设独立支吊架，支吊架质量为5kg/个，支架除轻绣，刷红丹防锈漆两遍、银粉漆两遍。

⑨ 弯头导流叶片（单叶片）面积共2m^2。

⑩ 静压箱保温，消声器保温，帆布接口保温，风管及部件刷油，穿墙套管暂不考虑。

（2）根据《通用安装工程工程量计算规范》完成以下内容。

① 计算本工程风管、软管接口、风管保温的清单工程量，需列出计算式（填入表一）。

② 完成题中安装工程所涉及的分部分项工程量清单项目（填入表二）。

思考与练习

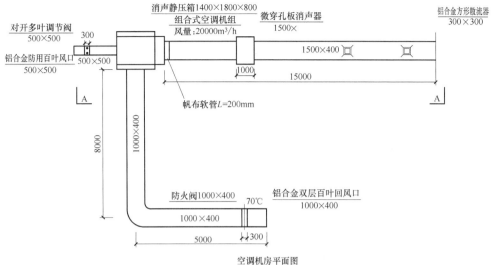

空调机房平面图

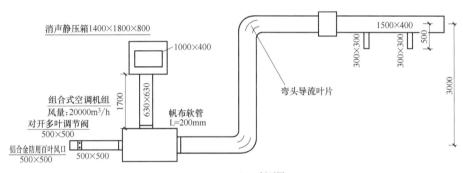

A—A剖面图

表一 工程数量计算表

序号	项目名称、规格	单位	工程数量	计算式
1	矩形风管，断面周长 =4000mm 以内，厚度δ=1.0mm，咬口连接	m²		
2		m²		
3				
4				面积小计 =
5	矩形风管，断面周长 =2000mm 以内，厚度δ=1.0mm，咬口连接	m²		
6				
7				面积小计 =
8	对开多叶调节阀 500mm×500mm，l=300mm	个		
9	风管防火阀 1000mm×400mm，l=300mm；支架 5kg	个		
10	帆布软接口 1000mm×400mm，l=300mm	m²		
11	风管导流叶片（单叶片）	m²		
12	铝合金防雨百叶风口 500mm×500mm	个		
13	铝合金方形散流器 300mm×300mm	个		
14	微穿孔板消声器 1500mm×400mm，l=1000mm；支架 30kg	台		

续表

序号	项目名称、规格	单位	工程数量	计算式
15	消声静压箱 1400mm×1800mm×800mm；支架 40kg	台		
16	组合式空调机组（风量 20000m^3/h，橡胶减震垫 8 块，设备支架 90kg	台		
17	风管橡塑保温	m^3		

表二 分部分项工程量清单表

序号	项目编码	项目名称	特征描述	计量单位	工程数量
1					
2					
3					
4					

6. 综合拓展题

查找相关资料，并进行市场调研，归纳目前建筑材料市场最新型的风管材料及其制作与安装方法，综合浙江省通风空调工程的预算定额中人、材、机数据，与传统风管材料进行比较，分析其工程造价的优劣性。要求资料真实有效，来源出处明确，反映专业前沿技术。

成果要求：

① 风管新材料、新工艺报告；

② 新型风管材料制作加工工艺流程及制作加工所需机械与材料；

③ 结合国家绿色环保的政策引导，展望未来风管材料发展与应用趋势。

项目 7

建筑智能化系统安装工程计量与计价

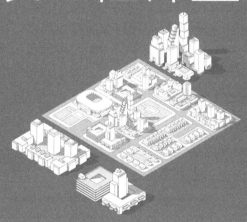

建议课时： 24课时（4+12+8）

教学目标

知识目标：（1）熟悉智能化工程工程图纸识读要点；

（2）掌握智能化工程工程招标控制价编制方法；

（3）掌握智能化工程工程量清单编制及综合单价计算方法。

能力目标：（1）能够准确计算智能化工程量；

（2）能够正确编制智能化工程量清单，并计算清单综合单价。

思政目标：（1）培养遵纪守法、大国工匠精神；

（2）培养经世济民、德法兼修的职业素养；

（3）培养爱岗敬业、诚信守诺的职业道德。

引言

现代社会对信息的需求量越来越大,信息传递速度也越来越快,21世纪是信息化的世纪,推动世界经济发展的主要是信息技术、生物技术和新材料技术,而其中信息技术对政治、经济和社会生活影响最大,信息业正逐步成为社会的主要支柱产业,人类社会的进步将依赖于信息技术的发展和应用。

电子技术(尤其是计算机技术)和网络通信技术的发展,使社会高度信息化,在建筑物内部,将传统的建筑技术和现代的高科技相结合,产生了"楼宇智能化"。楼宇智能化是采用计算机技术对建筑物内的设备进行自动控制,对信息资源进行管理,为用户提供信息服务,它是建筑技术适应现代社会信息化要求的结晶。

综合计算机、信息通信等方面的最先进技术,使建筑物内的电力、空调、照明、防灾、防盗、运输等设备协调工作,将楼宇自动化(BA)、通信自动化(CA)、办公自动化(OA)、安全保卫自动化系统(SAS)和消防自动化系统(FAS)结合起来,外加结构化综合布线系统(SCS)、结构化综合网络系统(SNS)、智能楼宇综合信息管理自动化系统(MAS),就是智能化楼宇,如图7-1所示。

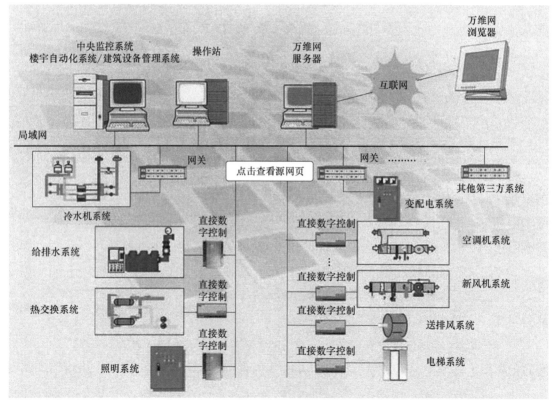

图7-1 智能化楼宇图示

任务7.1 工程量计算清单规范与定额的学习

7.1.1 智能化工程工程量清单相关知识及应用

7.1.1.1 工程量清单项目设置的内容

智能化工程工程量清单项目设置、项目特征描述的内容、计量单位及工程量计算规则按《通用安装工程工程量计算规范》(GB 50856—2013)附录E有关内容执行。

(1)智能化工程工程量清单设置。表7-1为智能化工程工程量清单项目设置内容。

智能化工程
清单规范

表7-1 智能化工程工程量清单项目设置内容

项目编码	项目名称	分项工程项目
030501	计算机应用、网络系统工程	本部分包括输入设备,输出设备,控制设备,存储设备,插箱、机柜,互联电缆,接口卡,集线器,路由器,收发器,防火墙,交换机,网络服务器,计算机应用、网络系统接地,计算机应用、网络系统系统联调,计算机应用、网络系统试运行,软件共17个分项工程项目
030502	综合布线工程	本部分包括机柜、机架,抗震底座,分线接线箱(盒),电视、电话插座,双绞线缆,大对数电缆,光缆、光纤数、光缆外护套,跳线,配线架,跳线架,信息插座,光纤盒,光纤连接,光缆终端盒,布放尾纤,线管理器,跳块,双绞线缆测试,光纤测试共20个分项目工程
030503	建筑设备自动化系统工程	本部分包括中央管理系统,通信网络控制设备,控制器,控制箱,第三方通信设备接口,传感器,电动调节阀执行机构,电动、电磁阀门,建筑设备自动化系统调试,建筑设备自控化系统试运行共10个分项工程
030504	建筑信息综合管理系统工程	本部分包括服务器,服务器显示设备,通信接口输入输出设备,系统软件,基础应用软件,应用软件接口,应用软件二次,各系统联动试运行共8个分项工程
030505	有线电视、卫星接收系统工程	本部分包括共用天线,卫星电视天线、馈线系统,前端机柜,电视墙,射频同轴电缆,同轴电缆接头,前端射频设备,卫星地面接收设备,光端设备安装、调试,有线电视系统管理设备,播控设备安装、调试,干线设备,分配网络,终端调试共14个分项工程
030506	音频、视频系统工程	本部分包括扩声系统设备,扩声系统调试,扩声系统试运行,背景系统设备,背景音乐系统调试,背景音乐系统试运行,视频系统设备,视频系统调试共8个分项工程
030507	安全防范系统工程	本部分包括入侵探测设备,入侵报警控制器,入侵报警中心显示设备,入侵报警信号传输设备,出入口目标识别设备,出入口控制设备,出入口执行机构设备,监控摄像设备,视频控制设备,音频、视频及脉冲分配器,视频补偿器,视频传输设备,录像设备,显示设备,安全检查设备,停车场管理设备,安全防范分系统调试,安全防范全系统调试,安全防范系统工程试运行共19个分项工程

(2)智能化综合布线工程工程量清单规范的应用说明

① 土方工程,应按现行《房屋建筑与装饰工程工程量计算规范》(GB 50854—2013)相关项目编码列项。

② 开挖路面工程,应按现行国家标准《市政工程工程量计算规范》(GB 50857—2013)相关项目编码列项。

③ 配管工程,线槽,桥架,电气设备,电气器件,接线箱、盒,电线,接地系统,凿(压)槽,打孔,打洞,人孔,手孔,立杆工程,应按《通用安装工程工程量计算规范》附录 D 电气设备安装工程相关项目编码列项。

④ 蓄电池组、六孔管道、专业通信系统工程,应按《通用安装工程工程量计算规范》附录 L 通信设备及线路工程相关项目编码列项。

⑤ 机架等项目的除锈、刷油应按《通用安装工程工程量计算规范》附录 M 刷油、防腐蚀、绝热工程相关项目编码列项。

⑥ 如主项项目工程与需综合项目工程量不对应,项目特征应描述综合项目的型号、规格、数量。

7.1.1.2 智能化工程工程量清单规范项目特征描述知识

(1)综合布线系统工程工程量清单项目特征描述。图 7-2 为综合布线结构。

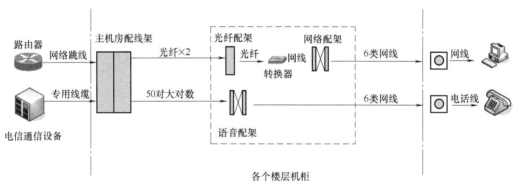

图 7-2 综合布线结构

① 双绞线缆、大对数电缆、光缆

a. 名称与规格的项目特征可合并为一条描述,根据设计图纸填写其文字符号,如 Cat5e-4PrUTP,不需要翻译出具体含义。

b. 线缆对数。根据第一条内容描述,如 4Pr 为 4 对双绞线。

c. 敷设方式。根据设计图纸描述其敷设方式,如管内穿放,桥架(线槽)内布放等。

② 信息插座

a. 名称。根据设计图纸描述,如有线电视插座(TV)面板、电视模块安装等。

b. 类别。如设计图纸中无相关信息,可不描述。

c. 规格。如设计图纸中无相关信息,可不描述。

d. 安装方式。根据设计图纸描述，如明装、暗装。

e. 底盒材质、规格。根据接入信息插座线缆所穿保护管的材质确定底盒材质，如塑料盒或金属盒等；底盒规格如设计图纸未注明，常规采用的单个信息插座底盒默认为86盒，即86mm×86mm。

③ 光纤连接

a. 方法。光纤连接方法分为机械法、熔接法和磨制法。

b. 模式。光纤连接的各种连接方法又分为单模和多模两种，根据设计图纸描述即可。

（2）安全防范系统工程工程量清单项目特征描述

① 监控摄像设备

a. 名称、类别。应根据设计图纸详细描述监控摄像设备的各项参数，如像素，传感器类型，用途，路数取流能力，信噪比，照度值，报警输入、输出接口类别，供电要求，工作温度与湿度，防水等级等，以保证准确查取其对应定额及未计价材料信息价。

b. 安装方式。安装方式分为墙壁式、吊顶式、支架式及电梯顶安装等。

② 安全防范全系统调试。该分项项目特征应描述调试内容及该调试内容的工程量。

7.1.2 建筑智能化工程定额相关知识与定额应用

7.1.2.1 定额相关知识

智能化工程定额

（1）定额内容。建筑智能化工程定额使用《浙江省通用安装工程预算定额》（2018版）第五册《建筑智能化系统设备安装工程》和第四册《电气设备安装工程》。第五册共八章，包括计算机及网络系统，综合布线系统，建筑设备自动化系统，有线电视、卫星接收系统，音频、视频系统，安全防范系统，智能建筑设备防雷接地，住宅小区智能化系统设备安装。第四册共十四章，其中与智能化工程相关的配管、配线工程为第十一章、第十二章。

（2）下列内容执行其他册相应定额

① 基础辅助工程、铁构件制作安装、套管制作安装等执行第十三册《通用项目及措施项目工程》相应项目。

② 电源线、控制电缆、电线槽、桥架、电线管、接线盒、电缆保护管、UPS电源（不间断电源）及附属设施、配电箱、防雷接地系统（不包含信号防雷）等安装，执行第四册《电气设备安装工程》相应项目。

③ 室外线路工程的通信电（光）缆敷设部分，执行第十一册《通信设备及线路工程》相应项目。室外线路工程的沟、手孔井等执行《浙江省市政工程预算定额》（2018版）相应项目。

④ 第五册定额的设备、天线、铁塔安装工程按成套购置考虑，包括构件、标准件、附件和设备内部连线。

⑤ 第五册内未涉及的即插即用设备等只计主材费，不计安装费。

7.1.2.2 定额有关说明

（1）本章内容包括机柜、机架，大对数线缆，双绞线缆，光缆，跳线，配线架，跳线架，信息插座，光纤连接，光缆终端盒，布放尾纤，线管理器，测试，视频同轴电缆，系统调试、试运行等。

（2）各类信息插座（包括铜缆、光缆、有线电视及多媒体等）计价规则为面板和模块分别单独计价。

（3）本章所涉及双绞线缆的敷设及模块、配线架、跳线架等的安装、打接等定额量，是按超五类非屏蔽布线系统编制的，高于超五类的布线所用定额子目人工费乘以系数1.1，屏蔽布线所用定额子目人工费乘以系数1.2。

（4）在已建天棚内敷设线缆时，所用定额子目人工费乘以系数1.2。

（5）工程量计算规则

① 双绞线缆、光缆、同轴电缆敷设、穿放、明布放，以"m"为计量单位。线缆敷设按单根延长米计算，预留长度按进入机柜（箱）2m计算，不另计附加长度。

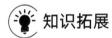 知识拓展

智能化常用线缆规格型号解读，见表7-2。

表7-2 综合布线系统线缆文字标注符号解读及实物图示

线缆型号	线缆型号解读	线缆实物图片
SYV-75-5-1（A、B、C）	S：射频 Y：聚乙烯绝缘 V：聚氯乙烯护套 75：电阻为75Ω 5：线缆外径为5mm 1：代表单芯 A：64编 B：96编 C：128编	PE Insulation PE绝缘 PVC Jacket PVC被覆 copper braid 铜线编织 Aluminum mylar 铝箔麦拉 Copper conductor 铜芯导体
SYWV-75-5-1	S：射频 Y：聚乙烯绝缘 W：物理发泡 V：聚氯乙烯护套 75：电阻75Ω 5：线缆外径为5mm 1：代表单芯	Double tinned copper braid shielded 双层镀锡线编织 PVC Jacket PVC被覆 Aluminum mylar 铝箔麦拉 PE insulation PE绝缘 Copper conductor 铜芯导体 视频线(物理发泡)

续表

线缆型号	线缆型号解读	线缆实物图片
AVVR, RVV 或 RVVP-4×1.5	A：代表安装用线缆 第一个V：聚氯乙烯绝缘 第一个V：聚氯乙烯护套 R：软电缆 P：屏蔽 4：指4芯 1.5：单芯横截面积为1.5mm^2	
RVB-2×0.5	R：软线 V：聚氯乙烯绝缘 B：扁线 2：指2芯 0.5：单芯横截面积为0.5mm^2	
RVS-2×1.5	R：软线 V：聚氯乙烯绝缘 S：双绞 2：指2芯 1.5：单芯横截面积为1.5mm^2	
FTP	F：铝箔 TP：屏蔽双绞线 单屏蔽双绞线	
S-FTP	S：双 F：铝箔 TP：屏蔽双绞线 铝箔双屏蔽双绞线	
UTP	U：非 非屏蔽双绞线	
Cat5e-4PrUTP	Cat：类别 5：指五类 e：超 4Pr：指4对双绞线 UTP：非屏蔽双绞线	
HBYV-4×0.6	HB：铜芯平行线（电话线） Y：聚乙烯绝缘 V：聚氯乙烯护套 4：指4芯 0.6：单芯横截面积为0.6mm^2	

续表

线缆型号	线缆型号解读	线缆实物图片
HDMI	高清晰多媒体接口线	
96 芯 0.9mm 大厦布线光缆	96：光缆（纤）芯数为 96 0.9：单芯光缆金属芯直径为 0.9mm	

② 制作跳线以"条"，卡接双绞线缆，以"对"，跳线架、配线架安装，以"条"为计量单位。跳线为成品时，定额基价乘以系数 0.5，跳线主材另计。

图 7-3 为光纤跳线，图 7-4 为跳线架。

图 7-3 光纤跳线

图 7-4 跳线架

【例 7-1】成品光纤跳线安装的定额基价为（　　）元 / 条。
A. 7.02　　　　B. 3.71　　　　C. 3.51　　　　D. 1.82
【答案】A
【解析】根据表 7-3 确定。

表 7-3　跳线定额

定额编号		5-2-24	5-2-25	5-2-26	5-2-27
项目		制作、安装卡接跳线	制作、安装双绞线跳线	光纤跳线安装	安装光纤耦合器
计量单位		条			个
基价 / 元		2.30	3.64	7.02	3.30
其中	人工费 / 元	2.30	3.24	6.62	2.30
	材料费 / 元	—	0.40	0.40	1.00
	机械费 / 元	—	—	—	—

① 安装各类信息插座、光缆终端盒和跳块打接，以"个"为计量单位。

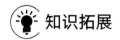 **知识拓展**

信息插座

信息插座是终端设备与水平子系统连接的接口设备，同时也是水平布线的终接，为用户提供网络和语音接口。

（1）信息插座的类型

根据所连接线缆的不同，信息插座可分为光纤信息插座和双绞线信息插座；根据适用环境的不同，信息插座可分为墙上型、桌上型和地上型三种类型。

（2）信息插座的组成

信息插座由信息面板、底盒和信息模块三部分组成。常用信息插座见图7-5。

(a) 电话信息插座

(b) 地插座

(c) 有线电视信息插座

(d) 网络信息插座

(e) 电话电脑一体信息插座

(f) 信息插座底盒(塑料盒)

(g) 信息插座底盒(金属盒)

图 7-5　常用信息插座

① 信息模块。信息模块所遵循的通信标准决定信息插座的适用范围，如超五类信息模块、六类信息模块分别适用于超五类双绞线、六类双绞线。桌上型、墙上型和地上型信息插座的区

别仅在于插座所使用的面板和底盒的不同。同样，为了保证屏蔽布线系统中屏蔽的完整性，双绞线信息模块也有屏蔽型号。为了实现快速布线，许多厂商还开发了免工具双绞线信息模块，无需使用专门的打线工具即可实现信息模块的端接。光缆布线系统通常采用光纤模块实现水平布线光缆与跳线之间的连接。

② 信息面板。在通常情况下，每个工作区应最少设置两个信息点。对于一些网络用户非常多的工作区，如集中办公地点，则应当根据实际需要设置并考虑适当的冗余。信息面板大致分为单口信息面板、双口信息面板和四口信息面板。根据尺寸可以分为120型和86型信息面板。当单位面积的用户数量较多时，应考虑使用接口数量较多的面板，以减少插座的数量。

③ 底盒。底盒一般分为明装和暗装两种。明装底盒用于桌上型信息插座的安装，固定于墙体外部；暗装底盒则用于墙上型信息插座的安装，被埋于墙体内部。如果底盒需要埋入地下，那么还应当根据地面材质的不同选择相应颜色（不锈钢或黄铜）的金属底盒。

④ 双绞线缆、光缆测试，以"链路"为计量单位。双绞线以4对即8芯为1个"链路"计量单位。光缆、大对数线缆以1对即2芯为1个"链路"计量单位。

⑤ 光纤连接，以"芯"（磨制法以"端口"）为计量单位。

⑥ 布放尾纤，以"条"为计量单位。

⑦ 系统调试、试运行，以"系统"为计量单位。

7.1.2.3 安全防范系统

（1）本部分内容包括入侵探测设备安装、调试，出入口控制设备安装、调试，巡更设备安装、调试，电视监控摄像设备安装、调试，安全检查设备安装、调试，停车场管理设备安装、调试，安全防范分系统调试，安全防范系统调试，安全防范系统工程试运行等。

（2）安全防范系统工程中的显示装置等项目执行浙江省定额第五册第五章音频视频系统工程相关定额。

（3）安全防范系统工程中的服务器、网络设备、工作站、软件、存储设备等项目执行浙江省定额第五册第一章计算机及网络系统工程相关定额。机柜（机箱）、跳线制作、安装等项目执行浙江省定额第五册第二章综合布线系统工程相关定额。

（4）有关场地电气安装工程项目执行浙江省定额第四册《电气设备安装工程》相应定额。

（5）用于智能小区的相关系统应执行浙江省定额第四册第八章住宅小区智能化系统设备安装工程。

（6）工程量计算规则

① 入侵探测设备安装、调试，以"个、台、套"为计量单位（图7-6）。

② 报警信号接收机安装、调试，以"系统"为计量单位。

③ 出入口控制设备安装、调试，以"台"为计量单位（图7-7）。

④ 巡更设备安装、调试，以"套"为计量单位（图7-8）。

⑤ 电视监控摄像设备安装、调试，以"台"为计量单位（图7-9）。

⑥ 防护罩安装，以"套"为计量单位。

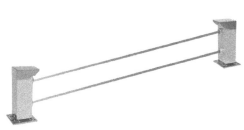
图 7-6 红外入侵探测器示意

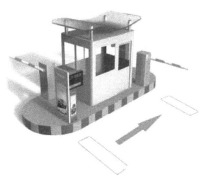
图 7-7 停车场出入口控制设备示意

图 7-8 电子巡更点

图 7-9 电子巡更笔

⑦ 摄像机支架安装，以"套"为计量单位。
⑧ 安全检查设备安装，调试，以"台"或"套"为计量单位。
⑨ 停车场管理设备安装，调试，以"台"或"套"为计量单位。
⑩ 安全防范分系统调试及系统工程试运行，均以"系统"为计量单位。

7.1.2.4 定额各项费用的规定

（1）脚手架搭拆费。脚手架搭拆费是指施工需要的各种脚手架搭、拆、运输费用及脚手架的摊销（或租赁）费用。

智能化工程的脚手架搭拆费可按《浙江省通用安装工程预算定额》（2018 版）定额第十三册《通用项目和措施项目工程》第二章措施项目工程相应定额子目（13-2-5）计算，以"工日"为计量单位。

（2）建筑物超高增加费。建筑物超高增加费是指施工中施工高度超过 6 层或 20m 的人工降效，以及材料垂直运输增加的费用。

层数指设计的层数（含地下室、半地下室的层数）。阁楼层、面积小于标准层 30% 的顶层及层高在 2.2m 以下的地下室或技术设备层不计算层数。

高度指建筑物从地下室设计标高至建筑物檐口底的高度，不包括突出屋面的电梯机房、屋顶亭子间及屋顶水箱的高度等。

智能化工程的建筑物超高增加费可按《浙江省通用安装工程预算定额》（2018 版）第十三册《通

用项目和措施项目工程》第二章措施项目工程相应定额子目（13-2-24～13-2-33）计算，以"工日"为计量单位。

【例7-2】某商住楼建筑智能化工程，地下一层，地下室高度为5.1m，地上9层，层高均为3.3m，则该工程计算建筑物超高增加费的基价应为（　　）元/（100工日）。

A. 196.43　　　　B. 392.85　　　　C. 982.13　　　　D. 1178.55

【答案】B

【解析】《浙江省通用安装工程预算定额》（2018版）第十三册P327，层数：指设计的层数（含地下室、半地下室的层数）。阁楼层、面积小于标准层30%的顶层及层高在2.2m以下的地下室或技术设备层不计算层数。该工程层数是10层。

高度指建筑物从地下室设计标高至建筑物檐口底的高度，不包括突出屋面的电梯机房、屋顶亭子间及屋顶水箱的高度等。该工程高度是3.3×9+5.1=34.8（m）。

参考表7-4，答案为B选项。

表7-4　第五册建筑智能化工程定额　　　　　　　　　　　　计量单位：100工日

定额编号			13-2-24	13-2-25	13-2-26	13-2-27	13-2-28
项目			建筑物超高增加费				
			9层以下（30m）	12层以下（40m）	18层以下（60m）	24层以下（80m）	30层以下（100m）
基价/元			196.43	392.85	1178.55	1964.25	3142.80
其中	人工费/元		101.25	202.50	607.50	1012.50	1620.00
	机械费/元		—	—	—	—	—
	材料费/元		95.18	190.35	571.05	951.75	1522.80
名称	单位	单价/元	消耗量				
人工 二类人工费	工日	135.00	0.750	1.500	4.500	7.500	12.000
机 其他机械费	元	1.00	95.18	190.35	571.05	951.75	1522.80

（3）操作高度增加费。智能化工程操作高度增加指操作物高度距离楼地面5m以上的分部分项工程，按照其超过部分高度。选取《浙江省通用安装工程预算定额》（2018版）第十三册《通用项目和措施项目工程》第二章措施项目工程相应定额子目（13-2-79、13-2-81）计算，以"工日"为计量单位。

任务7.2

建筑智能化系统工程量计算

7.2.1 工程图纸识读

（1）图例。常用智能化工程图例见表7-5。

表 7-5　常用智能化工程图例

名称	图例	单位	备注
调音开关（带强切功能）		只	墙装高 1100mm
吸顶扬声器		只	吸顶安装
筒型扬声器		只	距地 2400mm 安装
双孔信息插座		只	墙装高 300mm
光纤信息插座		只	墙装高 300mm
单孔信息插座		只	墙装高 300mm
楼层配线架		只	墙装高 1100mm
电磁锁/电控锁	E	只	门内高 1300mm，距门 200mm
门磁开关		把	单门门侧出线、双门门顶出线安装，位置视装修定
出门按钮		只	门顶出线
门禁控制器		只	吊顶内安装
闭门器	P	只	门顶出线
三合一指纹门禁	Z	只	柜台安装或墙装高 1200mm
POS（无接触射频卡）	POS	台	柜台安装或墙装高 1200mm
读卡机（无接触射频卡）		台	柜台安装或墙装高 1200mm
考勤机（无接触射频卡）	考勤机	个	墙装高 1300mm
巡更点（无接触射频卡）	巡更机	个	墙装高 1300mm
监听头	P	只	墙装高 1400mm
动力配电箱（摄像机用 220V/24V）		只	墙装高 1100mm
震动感应器		只	墙装高 300mm

续表

名称	图例	单位	备注
微波/被动红外线探测器		只	墙装高 2200mm
对射式主动红外线探测器（发射部分）		只	墙装高 1100mm
对射式主动红外线探测器（接受部分）		只	墙装高 1100mm
报警按钮		只	柜台安装或墙装高 1300mm
电视点		个	墙装高 300mm
室外 IP 高清智能球机		台	室外立杆安装高 2300mm
模拟固定摄像机		台	墙装高 2300mm
IP 高清摄像机	IP	台	墙装高 2300mm
抓拍摄像机	Z	台	墙装高 2300mm
室内宽动态半球摄像机		台	吊顶安装
地埋式摄像机		台	

（2）智能化工程施工图的识图方法

① 熟悉图例符号，掌握图例符号所代表的内容。

② 应结合智能化施工图、标准图和相关资料反复对照阅读，尤其要读懂系统图和平面图。只有这样才能了解设计意图和工程全貌。阅读时，首选应阅读设计说明，以了解设计意图和施工要求等；然后阅读系统图，以了解工程全貌；再阅读平面图，以了解电气工程全貌和局部细节；最后阅读详图、加工图及主要设备材料表等，弄清各个部分内容。读图时，一般按"进线→交换站与端子箱→分支线路→车间或住宅接线箱→室内干线→支线及各路智能化设备"这个顺序来阅读。

③ 熟悉施工程序对阅读施工图很有帮助。

7.2.2 智能化工程综合布线系统工程量计算

7.2.2.1 工程基本概况

本工程为某智能家居布线工程。智能家居布线平面图、弱电箱接线详图、设备图例及安装示意如图 7-10、图 7-11 所示。

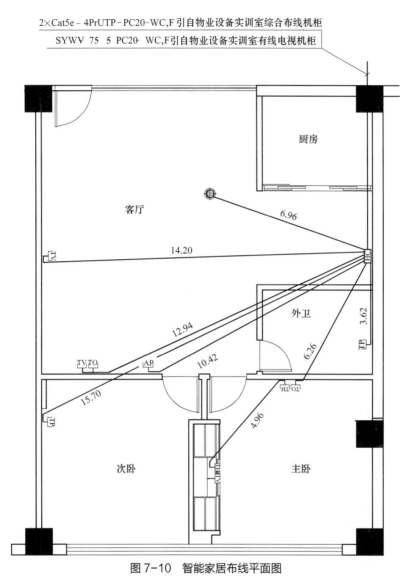

图 7-10 智能家居布线平面图

其中，智能弱电接线箱规格为 450mm×600mm。图 7-10 中所标数字尺寸为弱电箱至各信息插座的水平距离，单位为"m"。

7.2.2.2 工程量计算与汇总

任务要求：按照《通用安装工程工程量计算规范》（GB 50856—2013）、《浙江省建设工程计价规则》（2018 版）、《浙江省通用安装工程预算定额》（2018 版）的内容列项、计算本智能化工程综合布线系统工程量，并汇总工程量。小数点保留两位。

安装工程计量与计价

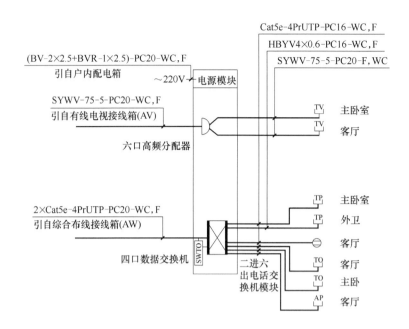

住户弱电接线箱接线详图

弱电设备图例及一般安装示意(特例参见平面图)					
序号	图例	设备名称	安装方式	连线规格	连线终点
01	TV	有线电视点	离地1.25m嵌墙暗装	SYWV-75-5-PC20-WC,F	弱电接线箱(HC)
02	TP	语音点	卫生间内离地1.1m嵌墙暗装	HBYV4×0.6-PC16-WC,F	弱电接线箱(HC)
			其他各处离地0.3m嵌墙暗装	Cat5e-4PrUTP-PC16-WC,F	弱电接线箱(HC)
03	⊖	地插(内设RJ45模块)	地面安装	Cat5e-4PrUTP-PC16-WC,F	弱电接线箱(HC)
04	TO	数据点	离地0.3m嵌墙暗装	Cat5e-4PrUTP-PC16-WC,F	弱电接线箱(HC)
05	TH	HDMI接口	数据点侧离地0.3m嵌墙暗装	HDMI线缆-PC20-WC,F	HDMI接口
			有线电视点侧离地1.25m嵌墙暗装		
06	AP	无线AP点	离地0.3m嵌墙暗装	Cat5e-4PrUTP-PC16-WC,F	弱电接线箱(HC)
07	HC	智能弱电接线箱	离地0.3m嵌墙暗装		

图7-11 住户弱电接线箱接线详图、设备图例及安装示意

第一步：分块计算综合布线工程量再进行汇总，结果如表7-6所示。

表7-6 综合布线系统工程量计算表

序号	项目名称、规格	单位	数量	计算式
1	线路一（客厅地插）			
	PVC16	m	7.26	6.96+0.3
	Cat5e-4urUTP	m	8.31	7.26+1.05
2	线路二（客厅TV）			
	PVC20	m	15.75	14.2+1.25+0.3
	SYWV-75-5	m	16.8	15.75+1.05
3	线路三（客厅TO）			

续表

序号	项目名称、规格	单位	数量	计算式
	PVC16	m	13.54	12.94+0.3+0.3
	Cat5e-4urUTP	m	14.59	13.54+1.05
4	线路四（卧室TP）			
	PVC16	m	17.1	15.7+1.1+0.3
	Cat5e-4urUTP	m	18.15	17.1+1.05
5	线路五（客厅AP）			
	PVC16	m	11.02	10.42+0.3+0.3
	Cat5e-4urUTP	m	12.07	11.02+1.05
6	线路六（主卧TV）			
	PVC20	m	12.57	11.97+0.3+0.3
	SYWV-75-5	m	13.62	12.57+1.05
7	线路七（主卧TH）			
	PVC20	m	6.51	4.96+0.3+1.25
	HDMI线缆	m	6.51	
8	线路八（主卧TO）			
	PVC16	m	6.86	6.26+0.3+0.3
	Cat5e-4urUTP	m	7.91	6.86+1.05
9	线路九（卫生间TP）			
	PVC16	m	5.02	3.62+1.1+0.3
	HBYV-4×0.6	m	6.07	5.02+1.05

第二步：根据第一步工程量计算结果，根据项目名称的属性（规格、材质、配管、配线方式、设备及终端安装方式等）进行工程量汇总，结果如表7-7所示。

表7-7　综合布线系统工程量汇总

序号	项目名称、规格	单位	数量	计算式
1	PVC16	m	60.80	
2	PVC20	m	34.83	
3	Cat5e-4urUTP	m	61.03	
4	SYWV-75-5	m	30.42	
5	HDMI线缆	m	6.51	
6	HBYV-4×0.6	m	6.07	
7	TV有线电视点	个	2	
8	TP语音点	个	2	
9	TO数据点	个	2	
10	TH多媒体数据点	个	2	
11	AP无线点	个	1	
12	地插	个	1	
13	智能弱电接线箱	台	1	

任务7.3

智能化综合布线系统清单编制与综合单价分析

第一步：根据任务 7.2 中的工程量计算汇总结果，按现行的《通用安装过程工程量计算规范》（GB 50856—2013）附录 G，编制本工程分部分项工程量清单，结果如表 7-8 所示。

表 7-8　智能化工程综合布线系统分部分项工程量清单

序号	项目编码	项目名称	项目特征	计量单位	工程数量
1	030411001001	配管	①名称、材质与规格：电气配管 PC16 ②配置形式：砖、混凝土内暗敷	m	60.80
2	030411001002	配管	①名称、材质与规格：PC20 ②配置形式：砖、混凝土内暗敷	m	35.78
3	030502005001	双绞线缆	①名称、规格：双绞电缆 CAT5e 4prUTP ②线缆对数：4 ③敷设方式：管内穿线	m	61.03
4	030502005002	双绞线缆	①名称、规格：双绞电缆 HDMI ②线缆对数：4 ③敷设方式：管内穿线	m	6.51
5	030502005003	双绞线缆	①名称、规格：非屏蔽电缆 HBYV-4×0.6 ②线缆对数：2 ③敷设方式：管内穿线	m	6.07
6	030505005002	射频同轴电缆	①名称、规格：射频传输电缆 SYWV-75-5 ②敷设方式：管、暗槽内穿放	m	31.37
7	030502004001	电视、电话插座	①名称：TV 有线电视插座 ②安装方式：暗装 ③底盒材质、规格：塑料底盒	个	2
8	030502004002	电视、电话插座	①名称：TP 电话插座 ②安装方式：暗装 ③底盒材质、规格：塑料底盒	个	2
9	030502012001	信息插座	①名称：TO 数据信息插座 ②安装方式：暗装 ③底盒材质、规格：塑料底盒	个	2
10	030502012002	信息插座	①名称：TH 多媒体数据信息插座 ②安装方式：暗装 ③底盒材质、规格：塑料底盒	个	2

续表

序号	项目编码	项目名称	项目特征	计量单位	工程数量
11	030502012003	信息插座	①名称：AP无线电话信息插座 ②安装方式：暗装 ③底盒材质、规格：塑料底盒	个	1
12	030502012004	信息插座	①名称：地面信息插座 ②安装方式：暗装 ③底盒材质、规格：塑料底盒	个	1
13	030502003001	分线接线箱（盒）	智能弱电接线箱 450mm×600mm 暗装	个	1
14	030502019001	双绞线缆测试	4对双绞线测试	链路	5
15	Z030502022001	综合布线系统调试	综合布线系统试运行，共10个终端	系统	1
16	Z030502023001	综合布线系统试运行	综合布线系统试运行	系统	1

第二步：按照现行的《浙江省通用安装工程预算定额》（2018版）及工程量汇总计算表中给出的未计价材料除税价格，编制本工程的工程量清单综合单价分析表，企业管理费（21.72%）、利润（10.40%）按《浙江省建设工程计价规则》（2018版）中的一般计税法中值计取，风险费暂不计取。结果如表7-9和表7-10所示。

表 7-9 工程量清单

序号	编号	名称	计量单位	数量	综合单价/元						合计/元
					人工费	材料费	机械费	管理费	利润	小计	
1	030411001001	配管 砖、混凝土结构暗配刚性阻燃管 公称直径(mm) 15	m	60.80	3.60	0.31		0.78	0.37	5.06	307.65
	4-11-143		100m	0.608	359.91	31.42		78.17	37.43	506.93	308.21
2	030411001002	配管 砖、混凝土结构暗配刚性阻燃管 公称直径(mm) 20	m	35.78	3.91	0.34		0.85	0.41	5.51	197.15
	4-11-144		100m	0.3578	391.23	34.37		84.98	40.69	551.27	197.24
3	030502005001	双绞线缆 管内穿放≤4对	m	61.03	0.82	0.04	0.02	0.18	0.09	1.15	70.18
	5-2-13		100m	0.6103	81.81	4.08	2.31	18.27	8.75	115.22	70.32
4	030502005002	双绞线缆 管内穿放≤4对	m	6.51	0.82	0.04	0.02	0.18	0.09	1.15	7.49
	5-2-13		100m	0.0651	81.81	4.08	2.31	18.27	8.75	115.22	7.50
5	030502005003	双绞线缆 管内穿放≤4对	m	6.07	0.82	0.04	0.02	0.18	0.09	1.15	6.98
	5-2-13		100m	0.0607	81.81	4.08	2.31	18.27	8.75	115.22	6.99
6	030505005001	射频同轴电缆	m	31.37	0.89	0.03	0.01	0.20	0.09	1.22	38.27
	5-2-60	管内穿放射频同轴电缆(mm) ≤φ9	10m	3.137	8.91	0.31	0.14	1.97	0.94	12.27	38.49
7	030502004001	电视、电话插座	个	2	6.17	0.97		1.34	0.65	9.13	18.26
	5-2-37	信息插座 电视模块安装	个	2	3.24	0.51		0.70	0.34	4.79	9.58
	4-11-211	开关盒、插座盒安装	10个	0.2	29.30	4.64		6.36	3.05	43.35	8.67
8	030502004002	电视、电话插座	个	2	6.17	0.97		1.34	0.65	9.13	18.26
	5-2-37	信息插座 电视模块安装	个	2	3.24	0.51		0.70	0.34	4.79	9.58
	4-11-211	开关盒、插座盒安装	10个	0.2	29.30	4.64		6.36	3.05	43.35	8.67
9	030502012001	信息插座	个	2	9.41	1.48		2.04	0.99	13.92	27.84
	5-2-38	信息插座 多媒体模块安装	个	2	3.24	0.51		0.70	0.34	4.79	9.58
	5-2-39	信息插座 各类插座面板安装	个	2	3.24	0.51		0.70	0.34	4.79	9.58
	4-11-211	开关盒、插座盒安装	10个	0.2	29.30	4.64		6.36	3.05	43.35	8.67

续表

序号	编号	名称	计量单位	数量	综合单价/元					合计/元
					人工费	材料费	机械费	管理费	利润	小计	
10	030502012002	信息插座	个	2	9.41	1.48		2.04	0.99	13.92	27.84
	5-2-38	信息插座 多媒体模块安装	个	2	3.24	0.51		0.70	0.34	4.79	9.58
	5-2-39	信息插座 各类插座面板安装	个	2	3.24	0.51		0.70	0.34	4.79	9.58
	4-11-211	开关盒、插座盒安装	10个	0.2	29.30	4.64		6.36	3.05	43.35	8.67
11	030502012003	信息插座	个	1	9.41	1.48		2.04	0.99	13.92	13.92
	5-2-35	信息插座 4对模块安装	个	1	3.24	0.51		0.70	0.34	4.79	4.79
	5-2-39	信息插座 各类插座面板安装	个	1	3.24	0.51		0.70	0.34	4.79	4.79
	4-11-211	开关盒、插座盒安装	10个	0.1	29.30	4.64		6.36	3.05	43.35	4.34
12	030502012004	信息插座	个	1	9.41	1.48		2.04	0.99	13.92	13.92
	5-2-35	信息插座 4对模块安装	个	1	3.24	0.51		0.70	0.34	4.79	4.79
	5-2-39	信息插座 各类插座面板安装	个	1	3.24	0.51		0.70	0.34	4.79	4.79
	4-11-211	开关盒、插座盒安装	10个	0.1	29.30	4.64		6.36	3.05	43.35	4.34
13	030502003001	分线接线箱（盒）	个	1	67.22	0.55		14.60	6.99	89.36	89.36
	4-11-208	接线箱暗装半周长（mm）≤1500	10个	0.1	672.17	5.48		146.00	69.91	893.56	89.36
14	030502019001	双绞线缆测试	链路	5	11.07	0.09	3.72	3.21	1.54	19.63	98.15
	5-2-57	测试4对双绞线缆	链路	5	11.07	0.09	3.72	3.21	1.54	19.63	98.15
15	ZD30502023001	综合布线系统试运行	系统	1	165.38			35.92	17.20	218.50	218.50
	5-2-66	试运行	系统	1	165.38			35.92	17.20	218.50	218.50
16	ZD30502022001	综合布线系统调试	系统	1	551.34		28.18	125.87	60.27	765.66	765.66
	5-2-64	系统调试≤400点	系统	1	551.34		28.18	125.87	60.27	765.66	765.66
		合计									1919.43

表7-10 分部分项工程清单与计价表

序号	项目编码	项目名称	项目特征	计量单位	工程量	综合单价/元	合价/元	其中/元		备注
								人工费	机械费	
1	030411001004	配管	电气配管 PC16, 砖、混凝土内暗敷	m	60.80	5.06	307.65	218.88		
2	030411001005	配管	电气配管 PC20, 砖、混凝土内暗敷	m	34.83	5.51	191.91	136.19		
3	030502005001	双绞线缆	管内穿双绞电缆 CAT5e-4prUTP	m	61.03	1.15	70.18	50.04	1.22	
4	030505005002	射频同轴电缆	管、暗槽内穿放射频传输电缆 SYWV-75-5	m	30.42					
5	030502005002	双绞线缆	管内穿 4 对绞电缆 HDMI	m	6.51	1.15	7.49	5.34	0.13	
6	030502005003	双绞线缆	管内穿非屏蔽电缆 HBYV-4×0.6	m	6.07	1.15	6.98	4.98	0.12	
7	030502004001	电视、电话插座	TV 有线电视点安装，底盒安装	个	2	9.13	18.26	12.34		
8	030502004002	电视、电话插座	TP 语音点安装，底盒安装	个	2	9.13	18.26	12.34		
9	030502012001	信息插座	TO 数据点安装，面板与底盒安装	个	2	13.92	27.84	18.82		
10	030502012002	信息插座	TH 多媒体数据点安装，面板与底盒安装	个	2	13.92	27.84	18.82		
11	030502012003	信息插座	AP 无线点安装，面板与底盒安装	个	1	13.92	13.92	9.41		
12	030502012004	信息插座	地插座安装，面板与底盒安装	个	1	13.92	13.92	9.41		
13	030502003002	分线接线箱（盒）	智能弱电接线箱 450mm×600mm 暗装	个	1	89.36	89.36	67.22		
		合计					793.61	563.79	1.47	

思考与练习

1. 单项选择题

（1）射频电缆 SYV-75-5-1 文字符号中，数字 5 表达的意思为（　　）。
A. 5 芯
B. 电阻为 5Ω
C. 电缆单芯线径为 5mm
D. 电缆单芯线径为 5mm^2

（2）管内穿线缆 RVVP-4×1.5，则定额套用（　　）。
A. 5-2-13
B. 5-2-14
C. 5-2-5
D. 4-12-45

（3）在已建天棚内敷设线缆时，所用定额子目人工费乘以系数（　　）。
A. 1.1
B. 1.2
C. 1.3
D. 1.4

（4）管内穿线缆 Cat6-4PrUTP，则其定额基价为（　　）元/100m。
A. 88.12
B. 81.81
C. 96.30
D. 109.23

（5）管内穿 RVS-4×1.5 线缆测试，则定额套用（　　）。
A. 5-2-57
B. 5-2-58
C. 5-2-59
D. 5-2-26

（6）成品光纤跳线安装的定额基价为（　　）元/条。
A. 7.02
B. 3.71
C. 3.51
D. 1.82

（7）某商住楼建筑智能化工程，地下一层，地下室高度为 5.1m，地上 9 层，层高均为 3.3m，则该工程计算建筑物超高增加费的基价应为（　　）元/（100 工日）。
A. 196.43
B. 392.85
C. 982.13
D. 178.55

2. 多项选择题

（1）下列（　　）内容在套定额时，对定额需进行换算调整使用。
A. 在已建天棚内敷设线缆
B. 有线电视信息插座，地板内敷设
C. 屏蔽布线
D. 6 类布线
E. 管内穿同轴电缆

（2）信息插座暗敷，进行清单组价时应包括的内容分别有（　　）。
A. 模块安装
B. 模块制作
C. 信息插座面板安装
D. 插座底盒安装
E. 接校线

（3）下列安装项目不用计算操作高度增加费的有（　　）。
A. 某刷油工程中，在消火栓管道上涂刷红色调和漆，涂刷高度为 5.5m
B. 智能化综合布线管内穿线，安装高度 5.1m
C. 某室内喷淋工程中用法兰连接的焊接钢管，安装高度为 4.2m
D. 某住宅管道工程，PPR 给水管，安装高度为 3.6m
E. 电气工程应急照明灯具，安装高度 5.0m

思考与练习

(4) 在套用安装预算定额时，遇到下列。情况时可对相应定额换算后使用。

A. 七类双绞线敷设
B. 生活给水钢塑复合管管井内安装
C. 智能化工程屏蔽线缆，穿管敷设
D. 离心式风机箱吊装
E. 单芯矿物绝缘电力电缆敷设

3. 定额清单综合单价计算题。

将正确答案填入表格中的空格处。本题中安装费的人材机单价均按《浙江省通用安装工程预算定额》(2018版)取定的基价考虑。本题管理费费率21.72%，利润费率10.4%，风险费不计，计算保留2位小数。

定额清单综合单价计算表

序号	定额编号	定额项目名称	计量单位	综合单价/元					
				人工费	材料费	机械费	管理费	利润	小计
1		管内穿放五类屏蔽25对大对数电缆(主材除税单价20元/m)							
2		已建天棚内敷设线缆：Cat6-4PrUTP，管内穿放(17.5元/m)							

4. 费用计算题（计算保留2位小数）

某市区一般民用建筑的单独智能化二类安装工程，其分部分项工程量清单项目费用为2098000元，其中定额人工费172000元（定额人工费172000元中满足超高条件的定额人工费为25800元，操作物高度为5.2m），定额机械费30000元。

本工程其他项目费87000元；施工技术措施费仅考虑脚手架搭拆费和超高增加费；施工组织措施费仅考虑安全文明施工费、已完工程及设备保护费、二次搬运费。不考虑民工工伤保险费和意外伤害保险费。试按浙江省现行有关计价规定，用综合单价法计算该工程的招标控制价并将施工技术措施费填入"施工技术措施项目清单与计价表"、施工组织措施费填入"施工组织措施项目清单与计价表"，并完成"单位（专业）工程招标控制价计算表"。

施工技术措施项目清单与计算表

序号	编号	名称	计量单位	数量	综合单价/元						合计/元
					人工费	材料费	机械费	管理费	利润	小计	
1											
2											
		合计		元		其中人工+机械=		元			

定额工日数量= 　　工日，其中满足超高条件发生的工日数= 　　工日

思考与练习

施工组织措施项目清单与计价表

序号	项 目 名 称	计算基数	费率/%	金额/元
1	安全文明施工费			
2	二次搬运费			
3	冬雨季施工增加费			
	合计			

单位（专业）工程投标报价计算表

序号	汇总内容		计算公式	费率/%	金额/元
一	工程量清单分部分项工程费				
	其中	人工费+机械费			
二	措施项目费				
	（一）施工技术				
	其中	人工费+机械费			
	（二）施工组织措施项目费				
	其中	安全文明			
		二次搬运费			
		冬雨季施工增加费			
三	其他项目费				
四	规费				
五	税金				
六	建设工程造价				

项目 8

BIM工程量计算

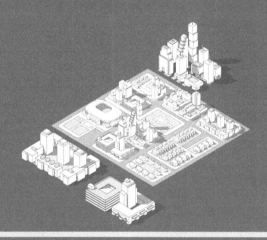

建议课时： 42课时（6+8+10+10+8）

教学目标

知识目标：（1）熟悉BIM建模算量软件操作要点；
（2）掌握给排水、电气工程；建模算量方法；
（3）掌握BIM算量模型工程量编辑方法。

能力目标：（1）能够准确建立给排水、电气等专业算量模型；
（2）能够正确应用算量模型所导出的工程量数据。

思政目标：（1）培养新技能、新工艺应用的职业兴趣；
（2）提升空间想象力，激发对BIM安装算量软件学习的兴趣；
（3）培养创新的职业意识。

引言

当前我国的建筑行业正处在向数字化建筑时代转型升级的发展阶段,走建筑设计标准化、构件部品生产工厂化、建造施工装配化和生产经营信息化的新型建筑工业化之路是现代建筑业发展的方向。装配式建筑、绿色建筑及 BIM 技术等在建筑领域已逐步深入推进。工程造价作为贯穿整个建筑生命周期的关键部分,发挥着至关重要的作用。工程造价行业要跟上建筑行业的发展趋势和步伐,结合数字化时代新技术,贯穿整个项目全过程,打通造价业务全流程,降低造价工作难度,提升造价工作效率,有效控制人力及时间成本,从而达到整个项目的精细化工程造价管理目的。

BIM 技术将算量工作带入了电算化的时代,通过运用 BIM 建模计量平台,可以将日常较为烦琐及耗时的工程量算量工作转化为简易的绘图建模工作,可以通过三维模型及可视化建造模拟,一键汇总计算,快速出量。通过建模大幅度地提升了算量工作效率及精确度,提升了造价人员的电算化能力。

任务8.1
BIM安装算量软件操作流程及要点

8.1.1 BIM 安装算量 GQI 2021 软件操作流程

(1)安装算量软件通用操作流程。安装算量软件通用操作流程为:新建工程→工程设置→楼层设置→添加图纸→分割图纸→图纸与楼层对应→定位图纸→绘图输入(识别构件)→表格输入→汇总计算→报表打印。

软件基本操作
视频

(2)各专业不同构件类型的识别顺序。在软件中建模顺序与手工算量相同。手工算量是各专业首先按系统区分,一个系统一个系统地进行建模算量,然后在一个系统里首先数个数,再量长度。

软件的建模顺序可以归纳为:点式构件识别→线式构件识别→依附构件识别→零星构件识别。这样识别的优点在于,先识别出点式构件,再识别线式构件时,软件会按照点式构件与线式构件的标高差,自动生成连接二者间的立面管道。管道识别完毕,进行阀门法兰、管道附件这两种依附于管道上的构件的识别,阀门附件会依据依附的管道管径自动生成管径,如果没有管道,阀门附件无法生成。最后按照图纸说明,补足套管零星构件的算量。

各专业不同构件类型图元形式见表 8-1。安装各专业各系统的识别顺序见表 8-2。

表8-1 各专业不同构件类型图元形式

专业	构件类型	点式构件	线式构件	依附构件	零星构件
给排水	卫生器具	√			
给排水、采暖、消防	设备	√			
给排水、采暖、消防	管道		√		
给排水、采暖、消防	阀门法兰			√	
给排水、采暖、消防	管道附件			√	
给排水、采暖、消防	通头管件			√	
给排水、采暖、消防	零星构件				√
采暖燃气	供暖器具	√			
采暖燃气	燃气器具	√			
消防	消火栓	√			
消防	喷头	√			
通风空调	通风管道		√		
通风空调	风管部件	√			
通风空调	空调水管		√		
通风空调	水管部件	√			
电气	照明灯具	√			
电气	开关插座	√			
电气	电气设备	√			
电气	配电箱柜	√			
电气	电线导管		√		
电气	电缆导管		√		
电气	综合管线		√		
电气	桥架通头			√	
电气	母线		√		
电气	防雷接地	√	√		

表8-2 安装各专业各系统的识别顺序

专业	系统	识别顺序
给排水专业	给水系统	给水干管→阀门→管道附件
	排水系统	排水干管→卫生间（管道→器具→阀门→管道附件）→套管（零星构件）→设置标准间
消防专业	消火栓系统	消火栓→管道→阀门→管道附件→套管→通头管件→管道刷漆
	喷淋系统	喷头→管道→阀门→管道附件→套管→通头管件→管道刷漆
	火灾自动报警系统	消防器具（感烟探测器、报警电话、手动报警按钮、扬声器、声光报警器、模块）→箱柜（区域报警控制器、端子箱）→管线
通风空调专业	通风系统	通风设备（风机盘管、新风机、排烟风机）→通风管道（分系统）→风管通头→风管部件（风口、风阀）→风管穿墙套管
	空调水系统	空调水管→水管部件→套管
电气专业	照明系统	配电箱柜→点式图元（灯具、开关）→桥架→配管配线→接线盒
	动力系统	配电箱柜→点式图元（插座、开关、风机盘管）→桥架→配管配线
	防雷接地系统	避雷网→引下线→接地线→等电位端子箱

注：给排水专业排水系统建议先识别管道，后识别卫生器具，按给排水安装图集规定，连接卫生器具的立管管径、高度，在后期批量生成。

8.1.2 BIM 安装算量 GQI 2021 软件基本操作

BIM 安装算量 GQI 2021（广联达）软件主要通过快速提取 CAD 信息建立模型的方式计算工程量，所以掌握软件的建模方式是学习软件算量的基础。下面概括介绍安装算量软件建模时常用的基础方法。

（1）建模时滚轮的四种用法
① 第一种。鼠标位置不变，向上推动滚轮，放大 CAD 图。
② 第二种。鼠标位置不变，向下推动滚轮，缩小 CAD 图。
③ 第三种。双击滚轮，回到全屏状态。
④ 第四种。按住滚轮，移动鼠标，进行 CAD 图的拖动平移。

（2）图元选择的方法
① 点选。当鼠标处在选择状态时，在绘图区域内鼠标移动到图元上方，左键点击进行选择。
② 框选。当鼠标处在选择状态时，在绘图区域内拉框进行选择。框选又分为两种。
第一种：左框（正框），单击图中任一点，向右方拉一个方框选择，拖动框为实线，只有完全包含在框内的图元才被选中，如图 8-1 所示。
第二种：右框（反框），单击图中任一点，向左方拉一个方框选择，拖动框为虚线，框内及与拖动框相交的图元均被选中，如图 8-2 所示。

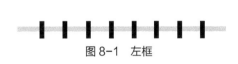

图 8-1 左框

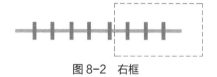

图 8-2 右框

（3）建模时光标不同的状态代表的含义
① 第一种：选择状态"回"字形，表示捕捉到图元，可以点击左键选择，如图 8-3 所示。
② 第二种：空闲状态"十"字形，如图 8-4 所示，表示没有捕捉到图元或交点时光标显示的状态。

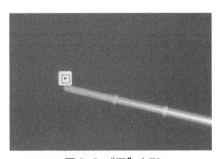

图 8-3 "回"字形

图 8-4 "十"字形

（4）公有属性和私有属性
① 公有属性。也称公共属性，指构件属性中用蓝色字体表示的属性，是全局属性（任何时候修改，所有的同名构件都会自动进行刷新）。

② 私有属性。指构件属性中用黑色字体表示的属性（只针对当前选中的构件图元修改有效，而在定义界面修改属性对已经画过的构件无效）。

公有属性和私有属性如图 8-5 所示。

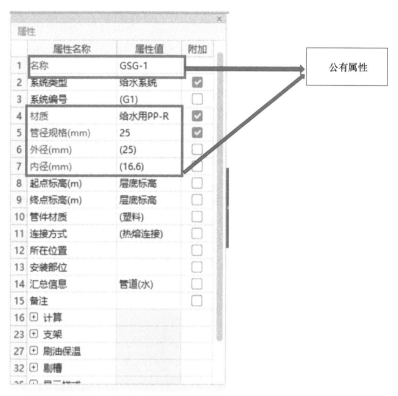

图 8-5　公有属性和私有属性

（5）软件中的快捷键

① F1：打开"帮助"文件。

② F2：控制"构件列表"显示与隐藏。

③ F3：打开"批量选择构件图元"对话框。

④ F4：恢复默认界面。

⑤ F5：启动"合法性检查"功能。

⑥ F6：启动"显示 CAD 图元"功能。

⑦ F7：启动"CAD 图层显示"功能。

⑧ F8：打开"楼层图元显示设置"对话框。

⑨ F9：打开"汇总计算"对话框。

⑩ F11：打开"多图元查看工程量"对话框。

⑪ 构件（字母）：显示与隐藏构件，如管道（水）（G），点击 G 键可以显示与隐藏水管。

⑫ Shift+ 构件（字母）：显示与隐藏构件名称，如点击 Shift+G 键可以显示与隐藏水管名称。

任务8.2

给排水工程BIM计量

（1）给排水工程 BIM 计量操作流程：新建工程→工程设置→楼层设置→添加图纸→分割图纸→图纸与楼层对应→定位图纸→卫生间卫生器具建模→给排水干管建模→支管建模→阀门附件建模→套管建模→设置标准卫生间→工程量汇总计算。

（2）任务实施。软件具体操作，扫描下表所列二维码，观看视频操作。

给排水建模视频

序号	名称
	视频目录
1	图纸概况→软件算量流程→新建工程→工程设置→添加图纸→设置比例
2	分配楼层→分割图纸→楼层设置→图纸与楼层对应→定位图纸
3	卫生器具建模
4	给排水管道及附属工程建模
5	管道附件建模
6	套管建模
7	报表出量

任务8.3

电气工程BIM计量

（1）电气工程 BIM 计量操作流程：新建工程→工程设置→楼层设置→添加图纸→分割图纸→图纸与楼层对应→定位图纸→配电箱柜建模→识别材料表→照明灯具建模→开关、插座建模→桥架建模→桥架配线→配管配线建模。

（2）任务实施。软件具体操作，扫描下表所列二维码，观看视频操作。

电气建模视频

如电气工程单独建立 BIM 算量模型，新建工程→工程设置→楼层设置→添加图纸→分割图纸→图纸与楼层对应→定位图纸，则以上操作请参考电气建模操作视频，否则无需操作。

序号	名称
	视频目录
1	材料表识别→照明灯具、开关与插座建模
2	配电箱（柜）建模
3	电气系统图识别
4	电气回路建模

续表

序号	名称
5	桥架建模
6	桥架内线缆处理
7	线缆查看
8	引上、引下线建模
9	跨层桥架架模与配线
10	回路共用构件及组合管道建模
11	零星构件（接线盒、防火堵洞、支架与电缆分支器等）

任务8.4

消防给水工程BIM计量

（1）消防给水工程 BIM 计量操作流程

①消火栓给水工程：消火栓建模→消火栓管道建模建模→阀门附件建模→套管建模。

②喷淋给水工程：喷头建模→喷淋管道建模建模→阀门附件建模→套管建模→管件建模→除锈刷油布置。

（2）任务实施。软件具体操作，扫描下表所列二维码，观看视频操作。

消防给水建模视频

如消防给水工程单独建立 BIM 算量模型，则新建工程→工程设置→楼层设置→添加图纸→分割图纸→图纸与楼层对应→定位图纸→阀门附件与套管建模，以上操作请参考消防给水建模视频，否则无需操作。

视频目录	
序号	名称
1	喷头识别与建模
2	喷淋管道与管道附属工程建模
3	喷淋管道附件建模
4	消火栓建模
5	消火栓管道与管道附属工程建模

任务8.5

通风工程BIM计量

通风建模视频

（1）通风工程 BIM 计量操作流程：通风设备建模→通风管道建模→风管部件建模。

（2）任务实施。软件具体操作，扫描下表所列二维码，观看视频操作。

视频目录

序号	名称
1	通风设备建模
2	通风管道建模
3	风管部件建模
4	实体支架建模

如火灾自动报警系统单独建立 BIM 算量模型，则新建工程→工程设置→楼层设置→添加图纸→分割图纸→图纸与楼层对应→定位图纸，以上操作请参考给通风建模视频。否则无需操作。

思考与
练习

请根据所给图纸，采用经典模式建立给排水和电气工程模型。

给排水和电气工程 CAD 图纸

参 考 文 献

[1] 中华人民共和国住房和城乡建设部.建设工程工程量清单计价规范（GB50500—2013）[S].北京：中国计划出版社，2013.

[2] 中华人民共和国住房和城乡建设部.通用安装工程工程量计算规范（GB50856—2013）[S].北京：中国计划出版社，2013.

[3] 浙江省建设工程造价管理总站.浙江省通用安装工程预算定额[S].北京：中国计划出版社，2018.

[4] 浙江省建设工程造价管理总站.浙江省建设工程计价规则[S].北京：中国计划出版社，2018.

[5] 苗月季.浙江省二级造价工程师职业资格考试培训教材：建设工程计量与计价实务[M].北京：中国计划出版社，2019.

[6] 冯钢.安装工程计量与计价[M].北京：北京大学出版社，2018.

[7] 陈连姝.建筑水电工程安装计量与计价[M].北京：北京大学出版社，2020.

[8] 靳慧征.建筑设备基础知识与识图[M].北京：北京大学出版社，2020.

[9] 柳婷婷.安装工程预算[M].武汉：华中科技大学出版社，2019.

[10] 石焱.安装工程计量与计价[M].北京：化学工业出版社，2020.